W0253997

Geschmack und Geruch.

Physiologische
Untersuchungen über den Geschmackssinn

von

Dr. Wilhelm Sternberg.

Mit 5 Textfiguren.

Springer-Verlag Berlin Heidelberg GmbH 1906

ISBN 978-3-662-32131-7 ISBN 978-3-662-32958-0 (eBook)
DOI 10.1007/978-3-662-32958-0

Herrn Prof. Dr. Fedor Krause,

dirigierendem Arzt der chirurgischen Abteilung des Augusta-Hospitals in Berlin

in Verehrung gewidmet

vom Verfasser.

Vorwort.

Die folgenden Untersuchungen behandeln einige Probleme aus der Physiologie des Geschmackssinnes. Von rein theoretischen Betrachtungen ausgehend, führen sie zu einer neuen Untersuchungsmethode, welche für die Praxis zur pathologischen Prüfung dieses Sinnes geeignet erscheint. Die klinische funktionelle Prüfung sowie die Pathologie des Geschmacks, wie ja auch die Physiologie hat man bisher ganz vernachlässigt. Die Bedeutung der Störungen auch dieses Sinnes für die Praxis und den Wert der Untersuchungen für die Klinik hat als erster und fast einziger der Chirurg, Prof. Fedor Krause, erkannt. Vor anderen dazu berufen, den armen Leidenden, welche von der schmerzreichsten und qualvollsten aller Krankheiten geplagt sind, Hilfe und Heilung zu bringen, war es der Praktiker, der zugleich der theoretischen Erkenntnis über den Geschmackssinn, der physiologischen Wissenschaft, neue Wege und Anregungen gab, indem er an den Ausfallserscheinungen, welche die Kranken nach der Exstirpation des Ganglion Gasseri darboten, die Funktionen jenes Nervenstammes besser festzustellen vermochte, als das vordem beim Tierexperiment möglich war. Die neue Untersuchungsmethode einem größeren ärztlichen Leserkreise zu unterbreiten, habe ich diese Studien, die an sich nicht in unmittelbarem Zusammenhange stehen, zu einer gemeinsamen Veröffentlichung zusammengefaßt.

Berlin, im Januar 1906.

Der Verfasser.

Inhaltsverzeichnis.

Einleitung.

Die Wissenschaften haben sich dem Studium der verschiedenen Funktionen der Mundhöhle, im besonderen demjenigen der objektiven funktionellen Prüfung der Zunge, in geteiltem Maße zugewandt. Die eine Leistung der Zunge, die geistige Nahrung, die Gedanken, zu verarbeiten, nämlich die Sprache, fand das tiefste und nachhaltigste Interesse, so daß die Physiologie, die Psychologie und auch die Pathologie der Sprache in dem kurzen Zeitraum der Begründung dieser Wissenschaften, nach kaum einem halben Jahrhundert, eine außerordentlich hohe Entwickelung erfahren haben. Im merkwürdigen Gegensatz dazu steht der langsame Fortschritt der Kenntnisse bezüglich der zweiten Funktion der Zunge, die von den Wissenschaften eine stiefmütterliche Behandlung gefunden hat. An der Eingangspforte zum Verdauungskanal, ist die Zunge dazu bestimmt, auch die leibliche Nahrung zu prüfen, mittels des Geschmackssinnes.

Die Physiologie, die Psychologie und noch mehr die Pathologie des Geschmackssinnes hat bisher eine unvollkommene Entwickelung erfahren. Der Grund hierfür ist zu einem Teil darauf zurückzuführen, daß man die Reizmittel des Geschmackssinnes bisher gar nicht genügend untersucht, gesammelt und beachtet hat. Die Untersuchung der Reize leistet naturgemäß für die Physiologie und Pathologie des chemischen Sinnes das nämliche wie diejenige für die Physiologie und Pathologie der physikalischen Sinne. Sind doch aber überhaupt noch nicht einmal die Geschmacks-Qualitäten der bekanntesten und für die Prüfung gebräuchlichsten Schmeckstoffe mit einigermaßen präziser Schärfe übereinstimmend angenommen.

Michelson verwendet auch Chinin als Kostflüssigkeit, hält aber den Geschmack für „süßbitterlich". Obersteiner[1]) hält die stärkste Chininlösung für geschmacklos, wenn der vordere Teil der Zunge sie kostet, und fügt noch hinzu: „Wenn wir mit der stärksten Chininlösung selbst den vorderen Teil der Zunge bestreichen können, ohne die Empfindung des Bitteren zu haben, so wird uns das nicht wundern."

Auch Zwaardemaker schreibt dem Chinin die beiden diametral entgegengesetzten Geschmäcke zu, süß und bitter, und hebt noch als eine höchst auffallende Tatsache hervor, daß im Laufe der Zeit immer mehr Stoffe bekannt geworden sind, die an den verschiedenen Stellen der Mundhöhle eine verschiedene Empfindung zustande bringen. Auf meine Arbeiten hinweisend, meint Zwaardemaker[2]), daß von mir eine ganze Liste derartiger Verbindungen, so auch Chinin, angeführt sei:

„Höchst auffallend ist es, daß im Laufe der Zeit immer mehr Stoffe bekannt geworden sind, die an unterschiedlichen Stellen der Mundhöhle eine verschiedene Empfindung zustande bringen. Auch für einheitliche chemisch vollkommen reine Stoffe hat sich dies bewährt,

---

[1]) Obersteiner, Zur vergleichenden Physiologie der verschiedenen Sinnes-Qualitäten. (Loewenfeld-Curella, Grenzfragen des Nerven- und Seelenlebens, 1905, pag. 6).

[2]) Zwaardemaker, Geschmack. (Ergebnisse der Physiologie. II. Jahrg. 1903, pag. 711).

so z. B. für Brom-Saccharin, das auf der Zungenbasis bitter, auf der Spitze süß schmeckt, und Sternberg (54) gibt sogar eine ganze Liste derartiger Verbindungen (Chinin, Dulcamarin usw.)."

In derselben Weise äußert sich auch Nagel[1]), indem er den alten Standpunkt von Horn und Picht vertritt, daß nämlich ein und derselbe Stoff an den verschiedenen Stellen der Zunge einen grundsätzlich verschiedenen Geschmack erzeugen könne. „Diese letztere Erfahrung", fährt Nagel fort, „ist durch neuere Erfahrungen (vgl. z. B. Sternberg, Archiv für Physiologie 1898 und 1903) so erweitert worden, daß man fast sagen kann, alle Substanzen erzeugen je nach der Applikationsstelle verschiedenen Geschmack."

Denselben Standpunkt nimmt Fick[2]) ein:

„Gestützt wird diese Hypothese von den verschiedenen Fasergattungen auch noch durch die Tatsache, daß manche Körper je nach Umständen verschiedene Geschmacks-Qualitäten erregen, z. B. zeigt Schwefelsäure in nicht allzu verdünnter Lösung an der Zungenspitze neben dem sauren auch den süßen Geschmack, was sich im Sinne der Hypothese leicht so deutet, daß diese Säure bei einiger Konzentration neben den sauer schmeckenden Fasern auch noch die süß schmeckenden erregt."

Wären diese Angaben richtig, so würde dies, auf andere Sinnesgebiete übertragen, folgendes bedeuten: Das, was das linke Auge mit der rechten Retina als rot erkennt, das sieht die linke Retina-Seite des andern Auges blau, die

---

[1]) Nagel, Der Geschmackssinn. (Handbuch der Physiologie des Menschen. 1904, pag. 64).

[2]) Fick, Compendium der Physiologie des Menschen, 1891, 4. Aufl., pag. 156.

entsprechenden Stellen des einen Auges das weiß, was auf der symmetrischen Seite schwarz erscheint. Das, was dem linken Ohr als höchster Diskant klingt, das hält das andere Ohr für tiefsten Baß.

Die Sammlung der Schmeckstoffe, die vordem überhaupt noch nicht versucht worden ist, hat das direkte Gegenteil der angeführten Behauptungen ergeben. Nicht allein, daß in den zitierten Arbeiten niemals auch nur eine Andeutung dafür gegeben wäre, daß alle Substanzen alle Geschmäcke erzeugen können, haben dieselben es sogar niemals verabsäumt, die diametral entgegengesetzte Beobachtung hervorzuheben, daß nämlich jede Substanz stets ein und denselben Geschmack beibehält. Mit der genaueren Erforschung und Erkenntnis der Schmeckstoffe ist sogar die Reihe derjenigen Schmeckstoffe, welche mehrere Geschmäcke, speziell süßen und bitteren Geschmack, besitzen, bedeutend kleiner geworden, und es ist sogar zu erwarten, daß mit der fortschreitenden Erkenntnis der Schmeckstoffe diese Reihe ganz zusammenschrumpfen wird. Niemals konnte aber von Chinin der süße Geschmack oder Geschmacklosigkeit konstatiert werden.

In der von Zwaardemaker[1]) angeführten Arbeit ist von mir nicht das Alkaloid Chinin, sondern der Alkohol Chinit angegeben worden: Chinit $C_6H_{10}(OH)_2$ Hexahydro-Hydrochinon, trans-para-Dioxyhexamethylen, 1,4-Cyclohexandiol schmeckt erst süß, dann bitter.

Man hat es bisher ganz übersehen, daß es viel geschmacklose und indifferente Menschen in bezug auf den Geschmackssinn gibt, daß die Zahl der Schwachsinnigen

---

[1]) Engelmanns Archiv für Physiologie, 1898, pag. 481: Beziehungen zwischen dem chemischen Bau der süß und bitter schmeckenden Substanzen und ihrer Eigenschaft zu schmecken.

und Stumpfsinnigen auch in bezug auf den Geschmack größer ist, als die Zahl der Scharfsinnigen. Wie es Farbenblinde gibt, so gibt es auch Geschmacklose, ja viele Menschen sind schwachsinnig in bezug nur auf einzelne Qualitäten des Geschmackssinnes. Wie der Farbenblinde sonst ganz gut sehen kann, wie der Tontaube, der Unmusikalische, an sich vorzüglich hören kann, trotzdem er die Unterschiede, die der Musikalische hört, nicht wahrzunehmen imstande ist, so gibt es Menschen, denen die Erkennung gewisser Geschmacks-Qualitäten schwerer fällt, als die anderer Geschmacks-Qualitäten. Auf diesem Wege erklären sich schon viele Beobachtungen, die man sofort als Ausnahmen von den erkannten Gesetzmäßigkeiten angesehen hat und noch fortwährend betrachtet. Wiederholt hat sich aber schon der Nachweis erbringen lassen, daß diese vermeintlichen Ausnahmen von Gesetzmäßigkeiten nur scheinbare waren. Ebenso hat es sich oftmals schon ergeben, daß da, wo in den Beobachtungsreihen der Schmeckstoffe einzelne Glieder noch zu fehlen schienen, nicht Ausnahmen von den gefundenen Gesetzmäßigkeiten anzunehmen seien, die eine besondere Erklärung erfordern.

Am wenigsten von allen Schmeckreizen behandelt und am schwierigsten zu beurteilen sind diejenigen Schmeckstoffe, die zugleich Riechstoffe sind. Diese Reizmittel zu studieren, eignen sich besonders die Zustände der Anosmie und Ageusie. Es gilt daher, den Geschmack riechender Schmeckstoffe bei Ageusie einerseits, andererseits den Geruch schmeckbarer Riechstoffe bei Anosmie zu prüfen. Freilich ist die Schwierigkeit der Geschmacksprüfung dieser Schmeckstoffe, zumal in diesen pathologischen Zuständen, noch erheblich gesteigert gegenüber den Schwierigkeiten, welche schon die physiologische Gustometrie bietet. Für die Mangelhaftigkeit unserer Kenntnisse dieses chemischen Sinnes ist ja als Hauptgrund das Unzureichende der vorhandenen Untersuchungsmethoden anzusehen. Die Betrachtung dieser flüchtigen Schmeckstoffe ladet somit zu einem Vergleich der Methoden zur Prüfung des Geschmackssinnes ein. Dabei ergibt sich, daß von allen Reizmitteln zur physiologischen, psychologischen und pathologischen Untersuchung des Geschmackes, zur qualitativen Saporimetrie, ebenso auch zur quantitativen Gustometrie, zur wissenschaftlichen physiologischen Geschmacksprüfung und auch zur praktischen, klinischen Geschmacksmessung, die geeignetsten diese flüchtigen Schmeckstoffe sind, so daß die Anwendung derselben zu einer Methode führt, welche als Verbesserung der bisherigen Methoden angesehen werden dürfte.

Erstes Kapitel.

Schmeckstoffe und Riechstoffe.

Die Schmeckstoffe sind zumeist löslich und bei gewöhnlicher Temperatur nicht flüchtig, die Riechstoffe flüchtig und im allgemeinen nicht löslich. So kommt es, daß die Riechstoffe gewöhnlich nicht schmecken, und die Schmeckstoffe gemeinhin nicht riechen. Die grundsätzliche Verschiedenheit dieser physikalischen Vorbedingungen, ebenso die Gegensätzlichkeit im Chemismus bringt es mit sich, daß Geschmack und Geruch einander gewöhnlich ausschließen, der eine dieser chemischen Sinne bedeutet gewissermaßen die Fortsetzung des anderen. Nun gibt es aber doch auch einige Schmeckstoffe, welche leicht flüchtig sind, ja solche, die riechen und sogar einen Eigengeruch besitzen. Ebenso gibt es auch echte Riechstoffe, welche gleichzeitig Geschmack besitzen, wenn derselbe auch keineswegs der Intensität ihres Geruchs entspricht.

Im absoluten Sinne freilich gering, ist die Anzahl der riechenden Schmeckstoffe verhältnismäßig doch nicht so unbeträchtlich. Jedenfalls ist die Behauptung von Tourtual[1]) und von Bidder[2]), daß sämtliche Riechstoffe auch zugleich Schmeckstoffe seien, daß mithin alles, was auf den Geruch

---

[1]) Dr. C. Th. Tourtual, Die Sinne des Menschen in den wechselseitigen Beziehungen ihres psychischen und organischen Lebens. Ein Beitrag zur physiologischen Ästhetik, 1827, pag. 94.

[2]) Bidder (Wagner, Handwörterbuch d. Physiologie, III. Bd., 1. Abt., 1846, pag. 11).

wirkt, zugleich auch den Geschmack erregen könne, sofern man nur dafür Sorge trage, den Riechstoff in das geeignete Lösungsmittel zu bringen, endgültig von Stich[1]) widerlegt. Aber ebensowenig erscheint mir die entgegengesetzte Ansicht Zwaardemakers[2]) zutreffend, daß nämlich die Anzahl gustatorisch wirksamer Riechstoffe in auffallendem Maße gering ist.

Unter den echten Schmeckstoffen, welche flüchtig sind, sind die zahlreichsten die Süßstoffe. Der süße Geruch ist darum häufiger als der bittere Geruch. Das ist doppelt auffallend, da die Bittermittel, aus bereits erörterten Gründen[3]), an Zahl den Süßmitteln außerordentlich überlegen sind. Faßt man daher das Aroma des Geschmackes als Vorgeschmack auf, so ist der süße Vorgeschmack ungleich häufiger als der bittere Vorgeschmack. Andererseits ist jedoch der süße Geschmack auch an sich flüchtiger und vergänglicher als der bittere, somit der bittere Nachgeschmack ungleich häufiger als der süße Nachgeschmack.

Der saure Geruch ist so häufig, daß man diese Sinnesempfindung ebenso zum Geschmack wie zum Geruch gezählt hat. Preyer[4]) nimmt in die Definition der

---

[1]) Stich, Die Schmeckbarkeit der Gase (Charité Annalen, VIII. Jahrg., 1857, pag. 111/112).

[2]) Zwaardemaker, Riechend schmecken (Zeitschr. f. Psychol. und Physiol. der Sinnesorgane, 1905, pag. 195).

[3]) Engelmanns Archiv für Physiologie, 1903, pag. 118: „Über das süßende Prinzip".

[4]) W. Preyer, Anosmie (Real-Enzyklopädie von Eulenburg, 1885, pag. 218 und 481, ebenso auch 3. Aufl., 1894, pag. 326 und 642): „Ageusie (ἀ priv. und γεῦσις Geschmack) oder Ageustie (ἀ und γευστός was gekostet werden kann) bezeichnet das Unvermögen zu schmecken, d. h. verschiedene Geschmacksempfindungen, wie süß, salzig, bitter, sauer, qualitativ zu unterscheiden." — „Anosmie (ἀ priv. und ὀσμή Geruch) bezeichnet das Unvermögen zu riechen, d. h. verschiedene Geruchsempfindungen, wie ätherisch, brenzlich, faulig, aromatisch, sauer, qualitativ zu

„Ageusie“, ebenso in die der „Anosmie“ das Unvermögen auf, „sauer“ zu erkennen. Doch ist dies nicht richtig. Denn es gibt keinen Zustand von Anosmie, bei dem die flüchtige Säure nicht als sauer gerochen werden könnte. Die Säuren, denen allein der saure Geschmack zukommt, sind vielfach flüchtig; und zwar sind ebenso wie organische auch mineralische Säuren flüchtig. Der saure Geruch ist der einzige Geruch, den auch das Mineralreich liefern kann. So kommt es, daß zu allen Schmeckstoffen, deren Geschmack indirekt, durch die Nase, wahrgenommen werden kann, die Säuren die meisten Repräsentanten liefern. Während der saure Geruch somit recht häufig auftritt, ist die salzige Geschmacks-Qualität hingegen darin beschränkt, daß sie indirekt, durch den Geruch, überhaupt gar nicht wahrgenommen werden kann. Denn es gibt nicht eine einzige Verbindung, welche salzig schmeckt und dabei flüchtig ist, wenn es auch „Riechsalze“ gibt. Es gibt also sehr wohl einen süßen Geruch, einen bitteren Geruch, einen sauren Geruch, aber nicht einen salzigen Geruch. Der Grund für diese Tatsache ist folgender.

Wird die Säure mit der Base zum Salz vereinigt, so gibt die Base, in dieser Kombination zum Salze, der Säure den Geschmack und benimmt dafür der Säure den Geruch, sogar für den Fall, daß die Säure einen Eigengeruch haben sollte; ja die Base selber büßt durch die Salzbildung ihren eigenen Geruch ein. So wirkt die Salzbildung Geschmack

---

unterscheiden, gleichviel, wie dieser Zustand herbeigeführt worden ist.“ Die Bezeichnung Ageustie, die häufig für diesen Zustand (Anästhesie der Geschmacksnerven, Anaesthes. gustatoria) gebraucht wird, ist entschieden falsch; sie bedeutet: „Nüchternsein“, „nichts zu kosten haben“. Einzig richtig ist Ageusis (von γεῦσις = Geschmackssinn), wofür man vielleicht Ageusie sagen könnte. (Erb in Ziemssens Handbuch der speziellen Pathologie und Therapie, XII. Bd., 2. Aufl., 1876, pag. 229.)

erzeugend, umgekehrt aber Geruch vernichtend, geradezu desodorierend.

Das ist um so bemerkenswerter, als gerade die Salzbildung auch auf die optische Eigenschaft der Farbstoffe einen wesentlichen Einfluß ausübt. Die Salzbildung ist vielfach sogar erforderlich, die Farbstofffähigkeit den Verbindungen zu erteilen; die Salze mancher Körper sind stärker gefärbt als die freie Base oder Säure selbst.

Der salzige Geschmack ist zudem allein auf das Mineralreich beschränkt, selbst hier äußerst selten vertreten. Der rein salzige Geschmack ist sogar eine auffallend singuläre Eigenschaft des Stoffes, so daß keine Qualität so vielfach beschränkt ist wie gerade die salzige. Das kommt sogar im Sprachgebrauch zum Ausdruck. Jede Sprache besitzt die Bezeichnungen der Diminutiva „süßlich", „bitterlich", „säuerlich", und man spricht demnach von „süßlichem Geruch", „bitterlichem Geruch", „säuerlichem Geruch" bezw. Geschmack. Diese Diminutiva bezeichnen die geringe Intensität des Geruchs oder Geschmackes, welcher an „süß", „sauer", „bitter" nur erinnert, wie ja auch die geringen Farbeneindrücke, die z. B. an „blau«, „grün" usw. nur erinnern, mit „bläulich", „grünlich" bezeichnet werden. Dagegen muß es auffallen, daß diese Eigentümlichkeit dem salzigen Geschmack abgeht. Keine Sprache kennt eine dementsprechende ähnliche Bildung der letzten Geschmacks-Qualität wie etwa „salzlicht". Zudem ist das Eigenschaftswort „salzig" selber schon abgeleitet und anders jedenfalls gebildet wie alle übrigen Bezeichnungen der Geschmacks-Qualitäten „süß", „sauer" und „bitter", worauf Nagel[1]) hinweist. Ein weiterer Sprachgebrauch

[1]) Nagel, Der Geschmackssinn (Handbuch der Physiologie des Menschen, 1904, pag. 640).

deutet zudem schon die Sonderstellung der salzigen Geschmacks-Qualität an.

Gegenüber den überaus zahlreichen und mannigfachen Wendungen, die sämtliche Sprachen allen anderen Geschmacks-Qualitäten für die übertragene Bedeutung entlehnen, muß es sogar höchst auffallend erscheinen, daß allein die salzige Qualität niemals im bildlichen Sinne sprachlich[1]) Verwendung findet. Der Grund hierfür liegt darin, daß alle übrigen Geschmacks-Qualitäten außerordentlich affektiven Charakter tragen, so daß gerade an ihre Eindrücke das Gefühl von Lust und Unlust geknüpft ist, die salzige Qualität aber nicht, einer der Gründe, den salzigen Geschmack nicht als „reinen" Geschmack anzusprechen. Die Untersuchungen A. F. Chamberlains[2]) über die Geschmacksbezeichnungen der Algonkinen, nordamerikanischer Indianerstämme, und von Myers[3]) bei anderen Primitiven ergaben, daß „Salzig" bei den meisten Stämmen unbekannt ist. Versuche führten zu Verwechslungen gerade mit „Sauer", nicht mit „Süß", nicht mit „Bitter".

Selbst die organischen Salze, die doch den salzigen Geschmack gar nicht mehr besitzen, sind nicht flüchtig und haben keinen Geruch; ja die Säuren, welche Eigengeruch besitzen, verlieren ihn sogar in ihren Salzen. Das muß um so mehr auffallen, als die Salze der organischen Chemie, wie man die Ester auffassen kann, die wichtigsten Riechstoffe bilden. Die Esterifizierung ist sogar der wich-

---

[1]) Nagel, Der Geschmackssinn (Handbuch der Physiologie des Menschen, 1904, pag. 646).

[2]) A. F. Chamberlain, Primitive Taste-words (Amer. Journ. of Psychol. XIV, 1903, pag. 146).

[3]) Charles S. Myers, The reports of the Cambridge anthropological expedition to Torres-Straits. Vol. II, Part. 2, 1903, pag. 186. „The taste-names of primitive peoples." (The Journal of Psychology, vol. I. Part. 2., June 1904, pag. 117.)

tigste chemische Vorgang, um einer Verbindung die Fähigkeit eines Riechstoffes zu verleihen. Auch die innere Salzbildung, die innere Esterifizierung, die sogenannte Laktonbildung, ist ein häufiger Vorgang, um einer Verbindung die Eigenschaften eines Riechstoffes zu verleihen. So übt also die Salzbildung eine außerordentliche Wirkung auf den Geruch aus: die Salzbildung im eigentlichen Sinne die desodorierende, hingegen die Salzbildung der organischen Chemie, die Esterifizierung, die gerade entgegengesetzte Wirkung, nämlich die Geruch erzeugende.

Findet sich der saure Geruch auch im Mineralreich, so ist der süße und der bittere Geruch nur auf die organischen Verbindungen beschränkt. Es sind eben die anorganischen Verbindungen von süßem oder von bitterem Geschmack zumeist Salze, und gerade diese Verbindungsform steht der Flüchtigkeit und dem Geruche entgegen. Daher treten auch hier die flüchtigen Schmeckstoffe erst dann auf, wenn diese Verbindungsform zurücktritt. Mehrere anorganischen Oxyde besitzen den Geschmack und sind flüchtig, wie Stickstoffoxydul, Wasserstoffsuperoxyd, Kohlendioxyd oder Schwefeldioxyd. Freilich ist die Intensität ihres Geschmackes zu gering, als daß derselbe durch den Geruch unmittelbar wahrgenommen werden könnte.

Während Verbindungen, welche mehrere Geschmacks-Qualitäten zugleich besitzen, nicht eben selten anzutreffen sind, gibt es nicht eine einzige Verbindung, welche mehr als eine Geschmacks-Qualität besitzt und dabei zugleich flüchtig ist und riecht. Es gibt weder bitter-süßen, noch sauer-süßen, weder bitter-sauren noch sauer-salzigen Geruch, der einer Verbindung eigentümlich wäre.

Allein in manchen Verbindungen finden sich die scheinbar einander widersprechenden Qualitäten vereint vor. So hat Diäthyl-Acetat (Äthyliden-[CH_3 — CH<] Diäthyläther, meist einfach Acetal genannt) CH_3 — CH $(O \cdot C_2H_5)_2$ einen schwach bitteren Geschmack und ätherisch süßlichen Geruch.

Nitrobenzol $C_6H_5 \cdot NO_2$ schmeckt ganz außerordentlich süß und riecht nach bitteren Mandeln, manche geben den Geruch als „bitterlich“ an.

Die Ester der Salpetersäure sind von süßem Geruch, aber von bitterem Nachgeschmack.

Der Süßstoff par excellence Saccharin selber besitzt bei gewöhnlicher Temperatur auch einen bittermandelähnlichen Geruch, wenn auch nur in schwachem Grade.

Butylchloralhydrat $C_4H_5Cl_3O$ (Crotonchloralhydrat) bildet weiße seidenglänzende Blättchen, welche süßlich riechen und bitter schmecken.

Gebrannter Zucker schmeckt bitter und riecht. Allein der Geruch kann nicht als „bitter“ bezeichnet werden.

Wenn Zellulose erhitzt wird, verbreitet sie einen Geruch, der die größte Ähnlichkeit mit dem des verbrannten Zuckers hat. Ebenso riechen die Zersetzungsprodukte beim Erhitzen von Stärke. Daher kommt der bekannte Geruch, der entsteht, wenn Brot, Kartoffeln, Pflaumen oder Gemüse verbrennen.

Der Laie verwechselt alltäglich Geschmack mit Geruch und ebenso Geruch mit Geschmack. Aber auch in der Wissenschaft herrscht heute noch nicht einmal in der Frage Einigkeit, ob eine sinnliche Wahrnehmung einfacher Art zum Geschmack oder zum Geruch oder endlich zu beiden Sinnen zugleich zu rechnen ist. Denn noch nicht einmal von demjenigen süßen Riechstoff, dem der süße Geruch in höchster Intensität zukommt, ist die Frage endgültig entschieden, ob derselbe nur schmeckt oder nur riecht oder schmeckt und zugleich riecht. Chloroform und seine chemischen Homologen besitzen die höchste Süßkraft von allen süß schmeckenden Aromatica, die Süße übertrifft sogar die der aromatischen Süßstoffe, welche doch schon die höchste Süßkraft unter allen Süßmitteln überhaupt aufweisen, und wetteifert sogar mit der Süße des ersten Körpers dieser Klasse.

Stich[1]) hatte die Annahme widerlegt, daß wir die Chloroformdämpfe, durch die Nase eingeatmet, riechen, und bewiesen, daß der Sinneseindruck tatsächlich ein bloßer Geschmack ist, wie dies mit ihm Vierordt[2]) und Ellenberger[3]) u. a. annehmen. Dennoch vertritt Landois[4]) den entgegengesetzten Standpunkt:

„Vielfach unterstützt der Geruch den Geschmack, und es kommt so oft zu Täuschungen auf beiden Gebieten. Äther, Chloroform riechen nur, ohne eine gleichzeitige Geschmacksempfindung zu erregen."

Dementsprechend bezeichnet man sogar den Geruch anderer Substanzen mit dem Eigenschaftswort „chloroformartig".

Vintschgau[5]) und Rollett[6]) endlich behaupten, daß Chloroform erstens einen Eigengeruch, der zeitlich früher eintrete, und zweitens außerdem den süßen Geschmack

---

[1]) Stich, Über die Schmeckbarkeit der Gase (Charité Annalen, VIII, Jahrg., 1857).

[2]) Vierordt, Grundriß der Physiologie des Menschen, 5. Aufl., 1877, pag. 485.

[3]) Ellenberger, Handbuch der vergleichenden Histologie und Physiologie bei Haussäugetieren, II. Bd., 2. Teil, 1892, pag. 906: „Der Geschmackssinn".

[4]) Landois, Lehrbuch der Physiologie, 5. Aufl., 1887, pag. 954.

[5]) Vintschgau, Physiologie des Geschmackssinnes. (Hermanns Handbuch. III. Bd., 2. Heft, 1880, pag. 197).

[6]) Rollett (Pflügers Archiv, 74. Bd., 1899, pag. 387—406).

besitzt, welcher dem Geruch zeitlich folge und welcher von der Geruchsempfindung durchaus verschieden ist; so erwähnt es auch Mayr[1]). Ebenso erklärt die Pharmakopoe: „Chloroform von eigentümlichem Geruch und süßlichem Geschmack.“ v. Frankl-Hochwart betont, daß außer dem süßen Geschmack beim Chloroform in stärkeren Konzentrationen, wie bei Glyzerin immer, die Empfindung der gleitenden, schlüpferigen Tastempfindung hervorgerufen wird. Ich kann das nicht bestätigen.

Die Schwierigkeit in dieser Erkenntnis ist durch drei Momente bedingt, durch die Intensität des Geschmackes und außerdem durch das Verhältnis der Intensität des Geschmackes zu derjenigen des Geruches, schließlich durch das mehr oder minder genaue zeitliche Zusammenfallen beider Sinneseindrücke.

Besitzt der flüchtige Süßstoff überhaupt keinen hohen Grad von Süßigkeit, so wird der Geschmack beim gewöhnlichen Riechen auch dann nicht einmal wahrgenommen, wenn dieser Schmeckstoff gar keinen Eigengeruch besitzt, wie dies z. B. beim Stickoxydul, Kohlensäure u. a. der Fall ist. Es bedarf alsdann des direkten, lingualen, unmittelbaren Schmeckens der Gase, wie dies Stich gezeigt hat, um erst den Geschmack zu erkennen. Aber auch wenn der Geschmack selbst intensiv ist, kann er bei der unmittelbaren Wahrnehmung des Riechens durch die Einwirkung auf den Olfaktorius und sogar bei dem direkten unmittelbaren lingualen Schmecken durch die Einwirkung auf den Trigeminus übersehen werden. Andererseits wird wieder der Geruch leicht übersehen, wenn der Geschmack intensiv und der Eigengeruch weniger intensiv

[1]) Mayr, Beiträge zur Physiologie und Pathologie des Geschmackssinnes. (Habilitationsschrift 1904, pag. 4 u. 5.)

ist, so daß der Geruch durch den Geschmack beim Riechen des schmeckenden Riechstoffes übertönt wird.

Ebenso wie Chloroform verhält sich die stattliche Zahl aller seiner, bereits mehrfach von mir angeführten, Homologen. Es besitzen ausnahmslos sämtliche Halogen-Substitutionsprodukte der Kohlenwasserstoffe den mehr oder minder stark ausgeprägten „chloroformartigen Geruch“, wie ja auch eine gewisse Ähnlichkeit des Geruchs durch die Ähnlichkeit der chemischen Bestandteile und der Konstitution der Körper fast stets bedingt ist. Die Kohlenwasserstoffe der verschiedensten anderen Reihen besitzen ja auch einen Geruch, der bei den einzelnen Gliedern einer und derselben Gruppe ein sehr ähnlicher ist. Diese Ähnlichkeit im Geruch läßt sich bei den verschiedenen Vertretern der Gruppe der Alkohole erkennen, ebenso bei denjenigen der organischen Säuren, der einfachen und zusammengesetzten Äther, der Aminbasen und genau so auch in der Reihe des Chloroforms, nämlich in der Reihe der Halogen-Abkömmlinge der gesättigten Kohlenwasserstoffe (der Kohlenwasserstoffe der Sumpfgas-Reihe) und in der Reihe der ungesättigten Kohlenwasserstoffe (der Äthylenreihe). Freilich mit zunehmender Zahl der Kohlenstoffatome nimmt auch hier der Geruch mit der Flüchtigkeit ab, und der Einfluß des Halogens tritt zurück.

Was zunächst die Halogen-Substitutionsprodukte des Methans, die Chlor-substituierten Methane betrifft, so riecht

CH_3Cl Monochlormethan, Chlormethyl, ätherartig und schmeckt süßlich.

CH_2Cl_2 Dichlormethan, Methylenchlorid, riecht chloroformartig.

$CHCl_3$ Trichlormethan, Chloroform, schmeckt intensiv süß.

CCl_4 Tetrachlormethan, Vierfach-Chlorkohlenstoff, riecht ätherisch, chloroformähnlich.

Mit diesen Chlor-Substitutionsprodukten des Methans korrespondieren, wie in der Zusammensetzung und in ihren sonstigen Eigenschaften, auch bezüglich des Geruchs und Geschmacks die Brom-Methane:

CH_3Br Monobrommethan, Brommethyl, riecht wie Chlormethyl angenehm ätherisch, an den Geruch von Chloroform erinnernd, und schmeckt brennend.

CH_2Br_2 Dibrommethan, Methylenbromid, schmeckt ähnlich.

$CHBr_3$ Tribrommethan, Bromoform, riecht chloroformartig, schmeckt süßlich.

CBr_4 Tetrabrommethan, Vierfach-Bromkohlenstoff, riecht ätherisch und schmeckt süßlich.

Fluoräthyl $C_2H_5 \cdot Fl$ riecht ätherisch und greift Glas nicht an.

Fluorpropyl $CH_3 \cdot CH_2 \cdot CH_2 \cdot Fl$ riecht ätherisch.

$(CH_3)_2 \cdot CH \cdot CH_2Fl$ riecht wenig angenehm.

Von den Jod-Substitutionsprodukten des Methans riecht

CH_3J Monojodmethan, Jodmethyl, ätherisch.

CH_2J_2 Dijodmethan, Methylenjodid, riecht süßlich.

CHJ_3 Trijodmethan, Jodoform, riecht safranartig süßlich. Eine konzentrierte Jodoformlösung in Äther (Jodoform 1,0, Äther 6,0) hatte für viele Versuchspersonen einen süßlichen Nachgeschmack.

CJ_4 Tetrajodmethan, Vierfach-Jodkohlenstoff.

$CHFl_3$ Fluoroform hat auch chloroformähnlichen Geruch. Das Gas ist farblos, riecht unangenehm, aber ähnlich wie Chloroform [1]).

---

[1]) Meslans, Über Darstellung und einige Eigenschaften des Fluoroforms (Compt. rend. 110. Bd., pag. 717—719).

Die Halogen-Substitutionsprodukte des Äthans zeigen dieselbe Eigentümlichkeit.

C_2H_5Cl Monochloräthan, Äthylchlorid, le chlorure d'éthyle, schmeckt süß. Als eine Lösung von Chloräthyl in Äthylalkohol ist der „versüßte Salzgeist" oder „Salzäther" zu betrachten. Als Spiritus salis dulcis nämlich, Spiritus aetheris chlorati, Spiritus muriatico-aethereus bezeichnete man das Produkt der Einwirkung von Salzsäure auf Äthylalkohol.

$CHCl_2 - CH_3$ α-Dichloräthan, Äthylidenchlorid, riecht chloroformartig und schmeckt süßlich.

$CH_2 \cdot Cl - CH_2 \cdot Cl$ β-Dichloräthan, Äthylenchlorid, Liquor hollandicus, riecht chloroformartig und schmeckt süßlich.

$CH_2 = CHCl$ Monochloräthylen, Vinylchlorid, riecht knoblauchartig.

$CH_3 - CCl_3$ Methylchloroform, Äthenyltrichlorid, α-Trichloräthan, riecht chloroformartig.

Ein Gemenge von α-Trichloräthan mit α-Tetrachloräthan und Pentachloräthan, z. T. auch Hexachloräthan und Äthylidenchlorid, wie es früher zu örtlichen Anästhesierungen unter dem Namen „Aether anaestheticus" vielfach ärztlich angewandt wurde, ist eine Flüssigkeit von ätherisch-aromatischem Geruch und süßlich brennendem Geschmack[1]).

C_2Cl_6 Hexachloräthan riecht kampferartig.

C_2Cl_4 Perchloräthylen riecht aromatisch.

C_3Cl_8 Perchlorpropan riecht kampferähnlich.

Von den Brom-Substitutionsprodukten, die sich vom Äthan ableiten, riecht

---

[1]) Gorup-Besanez, 1873, pag. 123.

C_2H_5Br Monobromäthan, Bromäthyl, Aether bromatus, ätherisch und zugleich etwas chloroformartig, Aether bromatus schmeckt schwach süßlich beim direkten Schmecken der Flüssigkeit sowie beim direkten Schmecken in Gasform (Gustometer), aber nicht beim indirekten Schmecken.

$C_2H_4Br_2$ Acetylentetrabromid besitzt einen Geruch, der an Kampfer und Chloroform erinnert.

C_2H_5J Monojodäthan riecht ätherartig.

C_3H_5OCl Der Geruch von Epichlorhydrin erinnert auch an den süßlichen Chloroformgeruch.

Von den Dihalogen-Derivaten der ungesättigten Kohlenwasserstoffe riecht Dibromäthylen, Acetylendibromid

$$CHBr : CHBr$$

„chloroformähnlich".

Das symmetrische Dijodäthylen

$$CHJ : CHJ$$

Acetylenjodid hat intensiven Geruch.

Das unsymmetrische Dichloräthylen

$$CH_2 : CCl_2$$

riecht knoblauchartig.

Keinesfalls nimmt also Chloroform irgend welche Sonderstellung ein, wie dies neuerdings von v. Frey[1]) und von Zwaardemaker[2]) noch angenommen wird; letzterer behauptet: „die Sonderstellung des Chloroforms ist ungemein überraschend." „Merkwürdigerweise wird die die beiden chemischen Sinne trennende Kluft von dem in Wasser nur wenig löslichen und so einfach gebauten Chloroform überbrückt." Auf dem Sinnesgebiete

[1]) v. Frey, Vorlesungen über Physiologie, 1904, pag. 328.

[2]) Zwaardemaker, Riechend schmecken (Zeitschr. f. Psychologie und Physiologie der Sinnesorgane, 1905, pag. 195).

der Schmeckstoffe konnte oftmals darauf hingewiesen werden, daß manche Objekte für merkwürdige Ausnahmen lange angesehen wurden, deren nähere Betrachtung später eine regelmäßige Zugehörigkeit zu einer allgemeinen großen Klasse der Schmeckstoffe ergab.

Noch mehr abweichend waren die Ansichten über den Sinneseindruck eines anderen riechenden Schmeckstoffes, nämlich des Äthers.

Die einen geben an, daß Äther geschmacklos sei und allein den Geruchssinn affiziere. Andere wieder halten ihn für geruchlos und geben den Geschmack des Äthers wohl zu. Dabei gehen aber wiederum die Ansichten über die Qualität dieses Geschmacks auseinander, ein Fall, der bei der Prüfung des Chloroforms wenigstens niemals eintrat, da einstimmig die Qualität des Chloroforms stets gleichmäßig erkannt wurde, der hohen Intensität zufolge. Einerseits wird die süße Qualität des Äthers angegeben, andererseits die diametral entgegengesetzte, ja vielfach wurde mir von Versuchspersonen „bittersüß“ [1]) angegeben. Schließlich fehlt es nicht an Autoren, welche dem Äther die Fähigkeit zuschrieben, den Geschmackssinn und zugleich auch den Geruchssinn zu erregen.

Stich[2]) hält Äther für geschmacklos und den Sinneseindruck, den verdunstende Ätherdämpfe in der Mundhöhle oder etwa bei geschlossener Nase geben, lediglich für Geruch.

Die Chemiker sprechen meist von dem Geruch und leugnen den Geschmack, da sie ihn mit „brennend“ bezeichnen.

---

[1]) Prof. Ziehen, der einen fein ausgebildeten Geschmackssinn hat, hält Ätherdampf, auf die Zunge geblasen, für „bittersüß“.

[2]) Stich, Über die Schmeckbarkeit der Gase (Charité Annalen, VIII. Jahrg., 1857, pag. 111).

Liebreich gibt an: „Äther, Schwefeläther ($C_2H_5 \cdot O \cdot C_2H_5$)[1]); der Äther hat einen angenehmen Geruch, brennenden Geschmack;" freilich an anderer Stelle: „Der Geschmack des Äthers ($C_2H_5 — O — C_2H_5$) ist süß." „Geschmack eigentümlich süßlich brennend[2])."

Den bitteren Geschmack muß Valentin[3]) bereits beobachtet haben, angegeben ist er zuerst von Brücke[4]) und sodann fast 25 Jahre später von Rollett[5]), welcher seinerseits den bitteren Geschmack zuerst konstatiert zu haben meint, da Valentin denselben noch nicht angegeben hätte. Das scheint mir nicht zutreffend zu sein. Rollett[6]) zitiert Stich, der auf Valentin zurückgreift, und berichtigt Stich, der schon den Ausspruch von Valentin (in dessen Lehrbuch der Physiologie, 2. Auflage) wörtlich anführt, Rollett begeht aber selber den Fehler, daß er die Seitenzahl von Stich[7]) nicht richtig angibt. Diese ist nämlich nicht 105, sondern 111.

Daselbst führt Stich das Urteil Valentins so an, wie Rollett ebenfalls: „Valentin (2. Bd., 2. Abteilung, Braunschweig 1844[8]) pag. 294). Läßt man Schwefeläther auf einem Löffel in der Mundhöhle verdunsten, so spürt man

[1]) Liebreich, Äther (Enzyklopädie von Eulenburg, 1885; 1894, 3. Aufl., pag. 310).

[2]) Liebreich-Langgaard, Kompendium der Arzneiverordnung, 1887, pag. 51.

[3]) Valentin, Lehrbuch der Physiologie, 1847, pag. 305.

[4]) Ernst Brücke, Vorlesungen über Physiologie, II. Bd., 2. Aufl., 1875, pag. 243: „Chloroform, Alkohol, Äther werden als süß, süß und brennend, bitter und brennend bezeichnet."

[5]) Rollett (Pflügers Archiv, 74. Bd., 1899).

[6]) Ebenda, pag. 403.

[7]) Stich, Über die Schmeckbarkeit der Gase (Charité Annalen, VIII. Jahrg., 1857, pag. 111).

[8]) Dieses Zitat von Stich ist von Rollett (Pflügers Archiv, 1899, pag. 403) berichtigt: II. Bd., 2. Abt., 2. Aufl., 1847—50, pag. 294.

im Anfange nur ein Gefühl von Kälte usw. und erst zuletzt den wahren Geschmack. Dieser steht jedoch dem, welchen einige unmittelbar verschluckte Äthertropfen erzeugen, bedeutend nach.“ Rollett unterläßt es nun aber, was mir nicht unwesentlich erscheint, fortzufahren, daß Valentin an der nämlichen von ihm selber angeführten Stelle (pag. 295) weiter sagt:

„Der verdunstende Äther erregt die Empfindung der Kälte und des Brennens. Sein besonderer Geschmack zeigt sich erst bei dem Zurückziehen der Zunge, weil dann Teilchen desselben mit den wahrhaft schmeckenden Geweben in Berührung kommen.“

Demnach spricht also Valentin zweimal sogar ausdrücklich vom „Geschmack“, so daß es wohl nicht mehr zweifelhaft erscheint, daß Valentin bereits den bitteren Geschmack des Äthers erkannt hat. Überdies fährt nun aber Valentin in derselben Auflage seines Lehrbuchs der Physiologie 1847, pag. 305 folgendermaßen fort:

„Wir riechen daher“ (wegen der Nähe der beiden Sinnesorgane) „den Äther, die Blausäure und die aromatischen Tinkturen fast in demselben Augenblick, in dem wir sie zu schmecken pflegen.“ Valentin hat demnach den Beweis geführt, daß Äther einen adäquaten Reiz auf das Sinnesorgan des Geruches und ebenso auf dasjenige des Geschmackes ausübt.

Die Pharmakopoe führt aus: „Äther eigentümlich riechende und schmeckende Flüssigkeit.“

Einen wie großen Unterschied es für die Wahrnehmung beim direkten lingualen Schmecken ausmacht, ob derselbe Schmeckstoff in flüssigem oder in gasförmigem Zustand auf das Schmeckorgan gebracht wird, erwähnt Valentin ebenfalls. Meine Versuchspersonen freilich sind mit mir zur gegenteiligen Ansicht gelangt, daß das direkte linguale Schmecken des gasförmigen Äthers sehr leicht den bitteren Geschmack gibt, dasjenige des flüssigen Äthers jedoch nur schwer den Geschmack erkennen läßt. Jedenfalls ist der bittere Geschmack des Äthers, so unverkennbar und intensiv er auch ist, dennoch nicht so intensiv wie die Süße des Chloroforms und auch nicht so leicht und schnell wie der Geschmack von Chloroform zu erkennen. Auch Zwaardemaker[1]) gibt neuerdings an: „Bei den übrigen Geruch erregenden Stoffen (Anethol, Cumarin, Äther) ist für mich wenigstens die Geschmackskomponente so undeutlich, daß ich über den Ausfall des Fickschen Versuchs nichts Sicheres habe feststellen können."

Die Gründe, warum beim Riechen der Geschmack des Äthers schwieriger erkannt wird als der des Chloroforms, sind dreifacher Art. Einmal ist die Intensität des süßen Geschmacks von Chloroform beträchtlich größer als diejenige des bitteren Geschmacks von Äther. Sodann ist die Intensität des Eigengeruchs von Äther sowohl im Verhältnis zu derjenigen seines Geschmacks wie im Verhältnis zu der Intensität des Eigengeruchs von Chloroform bedeutend erhöht. Schließlich aber folgen auch die Geruchs- und Geschmackswahrnehmungen von Äther zeitlich schneller als diejenigen von Chloroform auf einander.

Im Gegensatz zu Chloroform und Äther hat man von den Alkoholen, im besonderen von dem Weingeist, stets den Geruch angenommen, zugleich aber auch den Geschmack, der wiederum verschiedentlich als bitter, bittersüß und süß angegeben ist. Horn[2]) gibt an: „Weingeist: bitter, — bitter-

[1]) Zwaardemaker (Zeitschrift f. Psychologie u. Physiologie der Sinnesorgane, 1905, pag. 195).

[2]) Horn, pag. 88, Nr. 59.

süß, bitter;" Fick[1]) hinwiederum: „Man kann sich leicht überzeugen, daß auch die einatomigen Alkohole, z. B. Methyl-, Äthyl-, Propyl-Alkohol süß schmecken. Man braucht nur eine Lösung dieser Körper in den Mund zu nehmen, die verdünnt genug ist, um nicht brennend auf die Gefühlsnerven zu wirken, und außerdem die Nase zu schließen, damit die Aufmerksamkeit nicht durch den starken Geruch abgelenkt wird." Nach meinen Versuchen jedoch sind diese einwertigen Alkohole sämtlich geschmacklos. Mag man sie noch so sehr verdünnen, stets bleiben sie geschmacklos. Fragt man verschiedene Versuchspersonen nach dem Geschmack von einer Lösung Alkohol absol. 5,0, Aq. destillat. 20,0, so wird „bitter", „süßlich", selbst „salzig" und „säuerlich" oft angegeben.

Neuerdings gibt Brühl[2]) an, daß „in geringem Maße auch die einwertigen Alkohole einen süßen Geschmack erregen". Diese Alkohole haben den Geruch, aber nicht den Geschmack. Die mehratomigen Alkohole hinwiederum, zu denen schließlich die natürlichen Süßstoffe, die Zucker, gehören, verlieren den Geruch und erhalten den Geschmack. Es ändern sich ja auch die, diese Eigentümlichkeit wenigstens teilweise mit bedingenden, Löslichkeits- und Flüchtigkeits-Verhältnisse in ziemlich regelmäßigem wechselseitigem Maße. Im allgemeinen werden die Alkohole um so leichter löslich, aber um so weniger flüchtig, je mehr Hydroxylgruppen in denselben vorhanden sind.

Bei Schmeckversuchen mit riechenden Schmeckstoffen,

---

[1]) Fick, Kompendium der Physiologie des Menschen, 4. Aufl., 1891, pag. 157.

[2]) Norbert Brühl, Das Geschmacksorgan und die Geschmacksempfindungen, nebst neuen Untersuchungen über die Erregung verschiedener Geschmäcke durch den elektrischen Strom (Natur und Offenbarung, 49. Bd., 1903, pag. 296).

zumal mit den süßen Riechstoffen, ist die Schwierigkeit, die schon ohnehin den gewöhnlichen Versuchen dieser Art entgegensteht, noch ganz besonders erhöht. Bei den gewöhnlichen Schmeckreizen ist nämlich die hauptsächlichste Schwierigkeit in der Beurteilung des Geschmackes lediglich durch die Intensität des Geschmackes begründet. Erreicht diese nicht ein gewisses Maß, so wird das Urteil unbestimmt. So kommt es, daß oftmals bei Schmeckversuchen die widersprechendsten Angaben, sogar von einer und derselben Versuchsperson, gemacht werden, „oder daß uns unsere Phantasie irgend eine Geschmacksart, die wir vermuten, ohne weiteres vorführt", wie Valentin[1]) hervorhebt. Die Bezeichnungen „süßlich", „an Sauer erinnernd", „salzähnlich", „bitterlich" werden alsdann vorzugsweise zur Charakterisierung gewählt. Diese Ausdrücke werden nun aber auch bevorzugt, mag selbst die Intensität der Geschmacksempfindung noch so groß sein, bei den schmeckenden Riechstoffen. Ein treffendes Beispiel ist der Süßstoff Chloroform, der ja gewiß eine große Intensität besitzt. Dennoch wird regelmäßig jede Versuchsperson den Geschmackseindruck „süßlich", „an Süß erinnernd" nennen und sich verwundert gewissermaßen scheuen, ihn „süß" zu heißen. Das ist darin begründet, daß wir im allgemeinen nicht gewohnt sind, Gase zu schmecken, vielmehr gelten im täglichen Leben Geschmack und Geruch als gewisse Gegensätze, so daß selbst den intelligentesten Versuchspersonen, ja selbst den Fachleuten, z. B. den Apothekern, die doch viel mit Chloroform umzugehen haben, die Frage verwunderlich und geradezu lächerlich erscheint: „Wie schmeckt Chloroform beim Riechen?"

---

[1]) Valentin, Lehrbuch der Physiologie, II. Bd., 1. Abt., 1847, pag. 295.

Was nun die wahren süßen Riechstoffe anlangt, so sind dieselben bei gewöhnlicher Temperatur Gase oder Flüssigkeiten; es gibt wenig süße Riechstoffe, die bei gewöhnlicher Temperatur von gasförmigem Aggregatzustande sind.

Die gesättigten Grenzkohlenwasserstoffe sind flüchtig und dabei doch geruchlos.

Die ungesättigten Reihen jedoch, die Äthylenreihe, Alkylene, Olefine riechen schon.

$$\begin{array}{c} CH_2 \\ \| \\ CH_2 \end{array}$$

Äthylen riecht schwach ätherisch.

Freies Propylen, Propylengas C_3H_6,

$$CH_2 = CH - CH_3$$

schmeckt süßlich.

Isoamylen, schlechthin Amylen genannt, C_5H_{10} ist eine neutral reagierende Flüssigkeit, welche eigentümlich unangenehm, ätherartig riecht und dem Chloroform ähnlich, süßlich schmeckt.

Methylal, Methylendimethyläther, Formal, Methylendimethal

$$CH_3O \cdot CH_2 \cdot OCH_3,\ CH_2(O \cdot CH_3)_2$$

ist eine Flüssigkeit, die durchdringend aromatisch, zugleich nach Chloroform[1]) und nach Essigäther riecht.

Paraldehyd

$$(C_2H_4O)_3 = (CH_3 \cdot COH)_3,$$

polymere Modifikation des gewöhnlichen Aldehyd (C_2H_4O), des Acetaldehyd, der bitter schmeckt, stellt eine farblose Flüssigkeit von eigentümlich süßlichem[2]) Geruche dar, der an Chloroform erinnert[3]).

---

[1]) B. Fischer, 1893.

[2]) Cloetta-Filehne, Lehrb. der Arzneimittellehre, 1887, pag. 55.

[3]) Binz, Grundzüge der Arzneimittellehre, 1894, pag. 14.

Nach meinen Versuchen, die ich mit Paraldehyd im Gustometer ausführte, ist der Geschmack schwach bitterlich.

Von Aceton geben regelmäßig die Kliniker an, die Chemiker nie, der Geruch sei „chloroformähnlich", „süß" [1]).

Quecksilber-Methyl und Quecksilber-Äthyl,

$Hg(CH_3)_2$ und $Hg(C_2H_5)_2$

sind Flüssigkeiten von eigentümlichem, etwas süßlichem, widerwärtigem Geruch.

H_2S Schwefelwasserstoff riecht stark und unangenehm nach faulen Eiern und schmeckt süß.

Thiophosgen, Thiokarbonchlorid $CSCl_2$ hat süßlichen, die Schleimhäute stark angreifenden Geruch.

Zahlreiche S-Verbindungen, in welchen dieses Element nicht mit O- in Verbindung steht — die Mercaptane und Sulfäther — kennzeichnen sich durch einen penetranten, widrigen Geruch. Im Gegensatz hierzu haben die S-Verbindungen, in denen der S- an O- gebunden ist, gewöhnlich gar keinen oder doch nur einen sehr schwachen Geruch.

Süß riechen die neutralen Ester der Alkohole mit anorganischen Säuren. Von neutraler Reaktion auf die Pflanzenfarben, sind sie fast oder ganz unlöslich, dafür aber von relativ niedrigem Siedepunkt und haben den Geruch nach Spiritus aetheris. Äthylnitrit $C_2H_5 \cdot O \cdot NO$ riecht nach Borsdorfer Äpfeln und schmeckt süß [2]), dem Gehalt daran verdankt der Spiritus aetheris nitrosi, Spiritus nitrico-aethereus, Spiritus nitri dulcis, Acidum nitricum dulcificatum, „versüßter Salpetergeist", seinen Geschmack.

---

[1]) Strümpell, Lehrbuch der spez. Pathologie u. Therapie, II. Bd., 1895, pag. 565.

[2]) $C_2H_5 \cdot O \cdot NO$, im Gegensatz zum isomeren $C_2H_5 \cdot NO_2$ Nitroäthan; dieses Nitroäthan hinwiederum liefert, durch Einwirkung von HNO_2 salpetriger Säure, die Äthylnitrolsäure $C_2H_3(NO_2)NOH$, welche wieder rein süß wie Zucker schmeckt.

Unter diesen Bezeichnungen findet eine Flüssigkeit arzneiliche Verwendung, welche meist aus einer Lösung von Salpetrigsäure-Äthyläther, Acetaldehyd und kleinen Mengen Essigsäure-Äthyläther in Alkohol besteht.

Im Gegensatze zu den neutralen Estern der Alkohole mit anorganischen Säuren, welche den neutralen Salzen der Metalle entsprechen, stehen die sauren Ester, auch Estersäuren genannt, welche den sauren Salzen der Metalle entsprechen. Diese reagieren sauer, sind sehr leicht löslich, hinwiederum aber nicht flüchtig ohne Zersetzung, sie fungieren auch noch als Säuren, können also Salze und Ester bilden. Sie sind geruchlos.

Es ist der Geruch von Pyrrol $C_4H_4(NH)$ süßlich wie Chloroform.

Die olefinischen Terpenalkohole schmecken süß.

Der Ester: p-Diazoimidobenzoesäure-Methylester

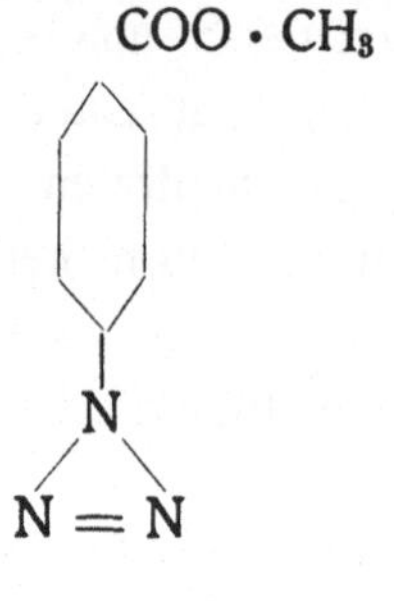

$COO \cdot CH_3$

N

N = N

riecht süßlich.

Es riecht ferner Butylphtalid $C_{12}H_{14}O_2$

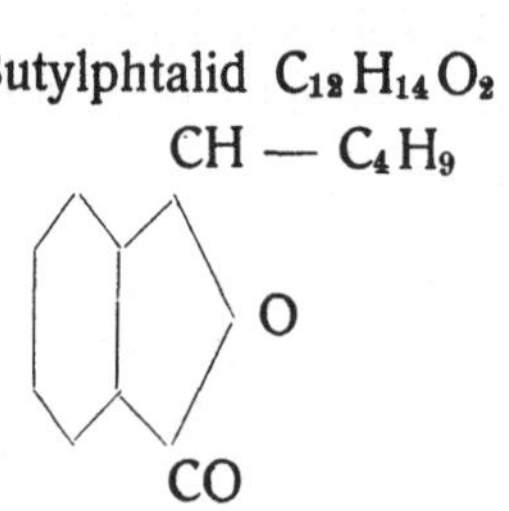

$CH — C_4H_9$

O

CO

süßlich.

Einzelne der ätherischen Öle schmecken süßlich, einige wieder bitter. Jedenfalls kann ich Schirmers[1]) Ansicht nicht bestätigen, der den Geschmack von allen ätherischen Ölen ausschließt.

Bekannt ist der süße Honiggeruch des Rosenöls, ebenso der süße Geruch von Lavendelöl, Heliotrop, Vanille, Petit grain. Zwaardemaker[2]) weist auf den süßen, zitronenartigen Geruch der Lilie, der Schwertlilie, Tuberose, der Pflaumenblüte und der Weinrebe hin.

Cloquet[3]) gibt an: „Die Blumen, deren Düfte schädlich sind, haben übrigens einen süßlichen, fast eklen Geruch, wie Lilien, Narzissen, Tuberosen, Veilchen, Rosen, Flieder.“

Von den ätherischen Ölen schmeckt das rektifizierte Anisöl süßlich; das Zimtcassiaöl, Ol. Cinnamomi Cassiae, hat einen nicht so anhaltend süßlichen Geschmack wie das gewöhnliche Zimtöl; schon Haller sagt: „odor aromaticus dulcis est in Cinnamomo.“ Dillöl riecht süßlich. Das rektifizierte Fenchelöl ist von angenehm süßlichem Geruch und Geschmack. Sternanisöl, Ol. anisi stellati, hat süßlichen Geruch.

Von den bitter schmeckenden Verbindungen kommen hier nur die organischen in Betracht. Denn die anorganischen bitter schmeckenden Verbindungen sind zumeist Salze und nicht flüchtig. Flüchtige Bitterstoffe gehören der zweiten oder der dritten Gruppe aller Bittermittel an, entsprechend den Süßstoffen.

Eine vollständige Zusammenfassung sämtlicher mit

---

[1]) R. Schirmer, Einiges zur Physiologie des Geschmacks (Deutsche Klinik, XI. Bd., 1859, pag. 131): „So riechen, nicht schmecken wir alle ätherischen Öle und aromatischen Tinkturen.“

[2]) Zwaardemaker, Die Physiologie des Geruchs, 1895, pag. 222, Anm. 2.

[3]) Cloquet, Osphresiologie, 1824, pag. 57.

dem süßen Geschmack begabter Verbindungen ergibt drei Klassen von süßschmeckenden Substanzen. Die erste ist die der anorganischen Verbindungen von süßem Geschmack, welche z. T. Gifte, jedenfalls Heilmittel sind. Nahrungsmittel sind die Körper der zweiten, Genußmittel die der dritten Klasse. Die beiden letzteren setzen die organischen Süßstoffe zusammen: die stickstofffreien, fetten Süßstoffe mit offener Kohlenstoffkette, zu denen die natürlichen Süßmittel, die Zucker, gehören, und die stickstoffhaltigen, aromatischen Süßmittel mit geschlossener Kohlenstoffkette, welchen die pharmakologische Gruppe der „Saccharina et Dulcia", „Versüßungsmittel", „Geschmackskorrigentia", entstammt.

Die Intensität des süßen Geschmacks ist in der ersten Gruppe am schwächsten entwickelt, selbst das Maximum an Süßkraft ist kein erhebliches, die Verbindungen besitzen daher den ersten Grad der Süße.

Die Intensität des süßen Geschmacks ist in der zweiten Gruppe schon stärker entwickelt, selbst das Maximum an Süßkraft ist jedoch auch noch nicht ein außerordentlich hohes, die Verbindungen besitzen den zweiten Grad der Süße.

Die Intensität des süßen Geschmacks ist in der dritten Gruppe am stärksten entwickelt; das Maximum der Süßkraft überhaupt wird lediglich von Gliedern dieser Gruppe erreicht.

Was die „Reinheit" des Geschmackes oder den Beigeschmack der Süße betrifft, so ergibt sich auch ein Unterschied in den einzelnen Gruppen.

Die erste Gruppe weist nicht einen einzigen Körper von rein süßem Geschmack auf, sämtliche Süßstoffe dieser Gruppe haben einen Beigeschmack, wie sich dies schon in dem Sprachgebrauch der Bezeichnung „süßlich“ für diese Glieder ausdrückt. Die Verbindungen üben eben nicht den einen einzigen Sinneseindruck der einen Qualität allein aus.

Hingegen ist der rein süße Geschmack Gliedern der zweiten Gruppe eigen.

Die Süßmittel der dritten Gruppe schmecken sämtlich nicht ganz rein süß, allein der Beigeschmack ist doch nicht so erheblich wie in der ersten Gruppe.

In jeder Hinsicht machen sich die nämlichen Beziehungen zwischen den einzelnen Gruppen der bitter schmeckenden Substanzen geltend.

Eine vollständige Zusammenfassung sämtlicher mit dem bitteren Geschmack begabter Verbindungen ergibt ebenfalls drei Klassen von bitter schmeckenden Substanzen. Die erste umfaßt wiederum die der anorganischen Verbindungen von bitterem Geschmack, die pharmakologische Gruppe der „Amara salina“, deren Repräsentant „Bittersalz“ ist. Pharmakologisch sind sie ebenfalls nicht indifferent, sind somit auch Heilmittel. Die beiden weiteren Klassen setzen wiederum die organischen Verbindungen von bitterem Geschmack zusammen: die stickstofffreien, fetten Verbindungen mit offener Kohlenstoffkette und die stickstoffhaltigen, bitter schmeckenden Verbindungen der aromatischen Reihe (nicht die pharmakologische Gruppe der „Amara aromatica“). Zur ersten von beiden Gruppen gehören die wiederum den Süßmitteln par excellence, den Zuckern, entsprechenden und chemisch ihnen auch so nahe stehenden Glykoside (γλυκύς süß) und die „Bitterstoffe“, welche die Chemie als besondere Gruppe von Verbindungen mit unbekannter Konstitution zusammenfaßt. Sie gehören nicht wie die entsprechende Gruppe der Süßmittel zu den Nahrungsmitteln, doch dienen sie, physiologisch indifferent, gewissermaßen als Gewürze und regen den Appetit, die Nahrungsaufnahme an. Sie sind die „Bittermittel“, „die bitteren Mittel“ der Pharmakologie. Die „Amara pura“ der Pharmazie entstammen der letzten Gruppe, welche, pharmakologisch nicht indifferent, Gifte, Heilmittel und Genußmittel liefert.

Die Intensität des bitteren Geschmacks ist in der ersten Gruppe am schwächsten entwickelt, selbst das Maximum an Bitterkeit ist kein erhebliches, die Verbindungen besitzen daher den ersten Grad der Bitterkeit.

Die Intensität des bitteren Geschmacks ist in der zweiten Gruppe schon stärker entwickelt, selbst das Maximum an Bitterkeit ist jedoch auch noch nicht ein außerordentlich hohes, die Verbindungen besitzen den zweiten Grad der Bitterkeit.

Die Intensität des bitteren Geschmacks ist in der dritten Gruppe am stärksten entwickelt, das Maximum der Bitterkeit überhaupt wird lediglich von Gliedern dieser Gruppe erreicht, ja die höchste Intensität des Geschmacks überhaupt wird von diesen Geschmacksobjekten erreicht.

Strychnin ist unlöslich oder doch außerordentlich schwer löslich und schmeckt trotzdem außerordentlich bitter. Es gibt keine Verbindung, die so bitter schmeckt wie Strychnin. Nimmt man von einer Lösung 1 : 1000 nur einen einzigen kleinen Tropfen in den Mund, so hat man den bitteren Geschmack während vieler Stunden im Munde. Die Bitterkeit ist derartig, daß der Nachweis mittels dieser physiologischen Geschmacksprobe geführt wird.

Bezüglich der Reinheit des Geschmacks oder des Beigeschmacks der Bitterkeit ergibt sich auch ein Unterschied, der nämliche, in den einzelnen Gruppen:

Die erste Gruppe weist nicht einen einzigen Körper

von rein bitterem Geschmack auf, sämtliche Bittermittel dieser Gruppe haben einen Beigeschmack, wie sich dies schon in dem Sprachgebrauch der Bezeichnung „bitterlich" ausdrückt. Die Verbindungen üben ebenfalls nicht den einen einzigen Sinneseindruck der einen Qualität allein aus.

Hingegen ist der rein bittere Geschmack wiederum der zweiten Gruppe eigen.

Die Bittermittel der dritten Gruppe schmecken wiederum nicht ganz rein bitter, allein der Beigeschmack ist doch auch bei weitem nicht so erheblich wie in der ersten Gruppe.

Von den Riechstoffen schmeckt Äther bitter.

Formaldehyd-Acetamid[1]), Formicin (Kalle u. Co., A.-G., von Dr. G. Fuchs, Biebrich a. Rh. dargestellt), hat einen schwachen, an Säuren erinnernden Geruch und einen etwas bitteren Geschmack. Es ist mit Wasser und Alkohol in jedem Verhältnis mischbar, in Äther unlöslich.

Acetaldehyd riecht stechend und schmeckt bitter.

Isocyanäthyl C_2H_5—NC ist eine widerlich bitter riechende Flüssigkeit.

Picrosmin riecht beim Anhauchen bitterlich.

Die „Bitterstoffe" der Chemie sind zumeist nicht flüchtig.

Die bitter schmeckenden Glykoside (γλυκύς süß) sind feste, nicht flüchtige Verbindungen.

Apiol $C_{12}H_{24}O_4$ (Petersilienkampfer) hat schwachen Petersiliengeruch.

Helleboreïn schmeckt süßlich,

Hesperitin soll süß schmecken,

Phlorhizin bittersüß,

---

[1]) Dr. Kurt Bartholdy, „Klinische Versuche mit Formicin (Formaldehyd-Acetamid)" (Deutsche med. Wochenschr., 5. 10. 1905, pag. 1601).

Phloretin süß,

Populin süß,

Rhinantin bittersüß,

Convallamarin bittersüß,

Chinoval süß und hinterher bitter.

Manche ätherischen Öle schmecken bitter.

Was die Alkaloide betrifft, diese intensivesten Bitterstoffe und Schmeckstoffe überhaupt, so sind die meisten Alkaloide geruchlos, wie sie auch farblos sind. Nur wenige Alkaloide sind flüchtig und intensiv riechend. Die Salze, welche die Alkaloide mit Säuren bilden, sind geruchlos. Die O-haltigen Pflanzenbasen sind bei gewöhnlicher Temperatur fest. Die O-freien bilden bei gewöhnlicher Temperatur Flüssigkeiten, die meist einen intensiven, charakteristischen Geruch besitzen, wie Coniin, Nikotin.

Coniin ist eine farblose, flüchtige Flüssigkeit, von brennendem Geschmack und stechendem Geruch.

Coniin erscheint von bitterem Geruch, zumal wenn man unmittelbar vorher den Chloroformgeruch wahrnimmt.

Der Geruch von Condyrin erinnert an den des Coniins.

Nikotin besitzt brennenden Geschmack und unangenehmen Geruch, welcher dem des Coniins ähnlich ist. Ganz reines, frisch destilliertes Nikotin besitzt diesen Geruch in viel schwächerem Maße.

Sparteïn hat sehr bitteren Geschmack und schwachen, an Anilin erinnernden Geruch.

Lupinin schmeckt bitter und riecht fruchtartig.

Lupinidin schmeckt intensiv bitter und riecht fruchtartig.

Rechts Lupamin schmeckt bitter und riecht schwach coniinartig.

Damascanin ist von eigentümlichem narkotischem Geruche.

Ecgonin schmeckt süßlich bitter.

Sanguinarin besitzt bitteren Geschmack; über 169° erhitzt, zersetzt es sich unter Bildung von Dämpfen, deren Geruch an Anilin erinnert.

Piperidin riecht nach NH_3 und Pfeffer zugleich.

Piperin schmeckt stark pfefferartig.

Pyridin riecht unangenehm und wird deswegen zur Denaturierung des Spiritus verwandt.

Chinolin schmeckt stark bitter und riecht unangenehm durchdringend.

Isochinolin riecht ähnlich wie Chinolin.

Die Methylchinoline

$C_9H_6N(CH_3)$, $CH_3 \cdot$ [Chinolin-Ringformel mit N]

sind Flüssigkeiten von demselben Geruch wie Chinolin.

Mannigfach sind die Sinneseindrücke, welche die Riechstoffe oder die Schmeckstoffe hervorrufen, zumal diejenigen Schmeckstoffe, welche Riechstoffe zugleich sind, die „Saveurs-odeurs“ [1]). Darauf weist schon Chevreul [2]) hin, der die sämtlichen Schmeckstoffe überhaupt in 4 Klassen einteilt:

---

[1]) „Saveurs odeurs“. E. Toulouse et N. Vaschide, Méthode pour l'examen et la mesure du goût (Compt. rend. CXXX, 12, 1900, pag. 803). — Vaschide (Bulletin de laryng., otol. et rhin., tome VI, 1903, pag. 99): „saveurs-odeurs, que nous appelons ainsi parce qu'on ne les reconnaît pas lorsque le nez est bouché et qu'on les reconnaît aussitôt que ce dernier est débouché, et qui nous renseignent sur le fonctionnement de l'odorat associé au goût.“

[2]) M. Chevreul, Des différentes manières dont les corps agissent sur l'organe du goût (Journal de physiologie, tome IV, 1824, pag. 127 bis 131).

Ire classe „corps qui n'agissent que sur le tact de la langue".
II „ „corps qui agissent sur le tact de la langue et sur l'odorat".
III „ „corps qui agissent sur le tact de la langue et sur le goût".
IV „ „corps qui agissent sur le tact et sur le goût et sur l'odorat".

Mag man den Reiz der Riechstoffe direkt oder indirekt zur Anwendung bringen, mag man nasal oder gustatorisch riechen, stets ist es einzig der gasförmige Aggregatzustand, der zum Zustandekommen des Geruchs erforderlich ist. Zerstört ja doch der Riechstoff geradezu die Geruchsfähigkeit, wenn er in flüssigem Aggregatzustande direkt zur Anwendung gebracht wird. So kommt es, daß der Geruch beim Schmecken von riechenden Schmeckstoffen im Exspirium wahrgenommen wird, im Gegensatz zum gewöhnlichen Riechen, das im Inspirium erfolgt.

Andererseits findet jedoch der Geschmack beim Riechen von schmeckenden Riechstoffen im Inspirium statt, während wir gewöhnlich im Exspirium schmecken. Nicht ausschließlich ist der flüssige Aggregatzustand zum Zustandekommen des Geschmackes erforderlich. Die intensivesten Schmeckstoffe sind sogar merkwürdigerweise recht wenig löslich. Jedenfalls steht niemals die Intensität des Geschmackes in irgend einer Beziehung zur Löslichkeit des Reizmittels. Zudem werden auch Schmeckstoffe in gasförmigem Aggregatzustande direkt geschmeckt, wie Stich bewiesen hat.

Das Gebiet des Geschmackes ist demnach, wiewohl der geringen Anzahl der Geschmacks-Qualitäten von 2, höchstens 4, eine unendliche Anzahl der Geruchs-Qualitäten gegenübersteht, dem des Geruches, in dieser Beziehung wenigstens, bei weitem überlegen.

Zweites Kapitel.

Der Geschmack riechender Schmeckstoffe bei Ageusie.

In folgerichtiger Anwendung des Gesetzes von der spezifischen Energie der Sinnesnerven muß, wenn man Seh- und Hör-Nerven durchschnitte und übers Kreuz verheilen ließe, d. h. Sehnerv mit Hörnerven und Hörnerv mit Sehnerven, der Blitz als Donner mit dem Auge gehört werden, und der Donner als Blitz mit dem Ohr gesehen werden, wie es Donders[1]) und Du Bois Reymond[2]) ausgesprochen haben. Die tatsächliche Ausführung dieses Versuches scheitert bei den physikalischen Sinnesorganen an der technisch-experimentellen Unmöglichkeit. Allein bei den chemischen Sinnen ist schon unter physiologischen Bedingungen etwas Ähnliches zu beobachten.

Wir können mitunter den „Duft“ als „Geschmack“ mit der Nase schmecken, wir „riechen“ den „Geschmack“ mit der Nase, ja sogar in der Nase selbst. Zwaardemaker[3]) verlegt das Zustandekommen des Geschmacks-

---

[1]) Donders, Goldscheider, Die Lehre von den spezifischen Energieen der Sinnesorgane. J. D. 1881.

[2]) Du Bois Reymond, Über die Grenzen des Naturerkennens (Vortrag, gehalten in der Versammlung Deutscher Naturforscher und Ärzte zu Leipzig 1872).

[3]) Zwaardemaker (Ned. Tijdschr. v. Geneesk., I. Bd., 1899, pag. 121). — Derselbe, Geruch (Asher-Spiro, Ergebnisse der Physiologie, I. Jahrg. 1902, pag. 899: § 2. Mechanismus des Riechens. Geschmacks- und Tastkomponenten. „Bereits früher hatte Zwaardemaker (34) gezeigt, wie

eindruckes, den einige Riechstoffe beim indirekten Schmecken hervorrufen, in die Regio olfactoria.

Einer der beiden Gründe, welche ihn dazu bestimmen, ist für den süßen Geschmack, den wir beim Riechen des Chloroforms empfinden, die Fortdauer des Geschmackes auch bei Ageusie[1]). Dies war von Gradenigo behauptet worden. Allein der diese Behauptung begründende Versuch

---

manchen Riechstoffen außer ihrem eigentümlichen Geruch auch eine scharfe Nebenwirkung oder eine Geschmackskomponente zukommt. Jetzt wird eine Lokalisation dieser Nebenwirkungen versucht und sowohl die taktile Nebenreizung als die Geschmacksreizung in die regio olfactoria verlegt. Erstere habe in den v. Brunnschen Trigeminusendigungen, letztere in den Disseschen Epithelknospen ihr anatomisches Substrat. Ich stütze mich dabei hauptsächlich auf den Fickschen Versuch, welcher sowohl für die taktile, als für die gustative Nebenwirkung in demselben Sinne ausfällt, wie für die olfaktive Reizung." — Derselbe, Riechend schmecken (Archiv für Physiologie, 1903, pag. 120—128). — Derselbe, Geschmack (Asher-Spiro, Ergebnisse der Physiologie II. Jahrg., 2. Abt., 1903, pag. 703): „Es wäre, wie Referent (65) auseinandergesetzt hat, auch noch denkbar, daß der laryngeale Geschmack dem riechenden Schmecken dient. Letzteres kommt für Chloroform wahrscheinlich in der Regio olfactoria zustande — Disses (7) Schmeckbecher — und wird deshalb treffend mit Rollett (49) nasales Schmecken genannt, aber für Kapronsäure fällt der Ficksche Versuch negativ aus, und muß daher ein pharyngeales oder laryngeales Schmecken angenommen werden. Die Frage der Ausbreitung des Geschmacksorgans erscheint nach obenstehendem in dem Sinne erledigt, daß beim Erwachsenen in erster Linie die Schleimhaut der Mundhöhle und daneben auch jene der oberen Nasenmuschel und des Larynx dem Geschmack dient. In Übereinstimmung mit den funktionellen Untersuchungen wurden an allen diesen Stellen Schmeckbecher mikroskopisch nachgewiesen, in vielen Fällen ging sogar der anatomische Nachweis dem des funktionellen voraus."

[1]) Zwaardemaker, Riechend schmecken (Ztschr. f. Psych. u. Physiol. d. Sinnesorg., 38. Bd., 1905, pag. 189): „Fortdauer der Geschmackskomponenten nach temporärer gustatorischer Lähmung des Schlundes für Süß und Bitter durch Pinselung mit Gymnemasäure (Gradenigoscher Versuch 3)."

von Gradenigo[1]), der von Zwaardemaker[2]) als beweisend angesehen wird, ist in höchst unvollkommener Weise angestellt worden. Er wurde, wie Gradenigo[3])

---

[1]) Gradenigo, Kongreß zu Rom, 1899. — Ann. di Laryng. et Otol., Rin. e Farinol., Jan. 1899, p. 70 (so gibt Zwaardemaker an im Artikel „Geruch", Asher-Spiro, pag. 896, Nr. 10). — Ztschr. f. Ohrenheilk. 1900, 37, pag. 66.

[2]) Zwaardemaker (Arch. f. Physiol. 1903, pag. 121): „daß Anästhesierung der Geschmackselemente in der Mundhöhle und im Pharynx durch Gymnemasäure den nasalen Geschmack des Chloroforms nicht aufhebt und diese Empfindung also nicht auf der Zunge oder im Pharynx ihren Angriffspunkt hat."

[3]) VI. Versammlung d. italien. Ges. f. Laryngologie, Otologie u. Rhinologie zu Rom am 25. X. 1899. (Ztschr. f. Ohrenheilkunde 1900, 37. Bd., pag. 66.) Bericht von G. Gradenigo. „Gradenigo erinnert, daß in seiner Klinik Untersuchungen über den diagnostischen Wert einer funktionellen Geruchsprüfung gemacht wurden. In neuerer Zeit habe Kiesow versucht, die Geschmackswirkung, welche bestimmte Gerüche begleitet, von diesen zu trennen. Bei Ausschaltung der Geschmacksempfindung an Zunge, Schlund und Rachen wurde der süßliche Geschmack von Chloroform doch empfunden. (Die Arbeit ist noch unvollendet und erscheint später.)" — IV. Kongreß d. italien. Ges. f. Laryngologie, Otologie u. Rhinologie, Rom, 25.—27. X. 1899. IV. Congresso biennale della Società Italiana di Laringologia, Otologia e Rinologia, Roma 1899. Resoconto sommario del Prof. G. Gradenigo. 25 ottobre 1899, Archivio italiano di Otologia, Rinologia e Laringologia Volume IX, 1900, pag. 341. Gradenigo ricorda le ricerche praticate nella sua Clinica con risultato positivo sul valore diagnostico dell'esame funzionale dell'olfatto nelle riniti croniche e nelle affezioni secondarie dell'orecchio. Aggiunge che recentemente, in unione al dott. Kiesow, egli ha istituito delle ricerche sulla sede della impressione gustativa che accompagna certi odori. Fu abolita la sensazione del gusto per il dolce pennellando la lingua, le fauci, la faringe con soluzione di acido gimnemico e si potè riconoscere in seguito che il gusto dolciastro di certi odori, come per esempio del cloroformio, persisteva, sicchè non poteva essere percepito che nel naso. Rileva la importanza clinica degli esperimenti del Martuscelli, ma esprime il dubbio che le lesioni da esso riconosciute nei bulbi non siano da interpretarsi come nevriti ascendenti, ma piuttosto come espressione di banali lesioni infiamma-

selbst angibt, in seiner Klinik mit Kiesow[1]) ausgeführt. Kiesow seinerseits erwähnt ihn auch nur gelegentlich.

Ist es nun schon ohnehin höchst unwahrscheinlich, daß, wie Kiesow meint, gar mehrere Stellen für die Perzeption des süßen Geruchs von Chloroform anzunehmen seien, so waren überdies auch die Untersuchungen hierüber schon längst, nämlich vier Jahre zuvor, zu einem endgültigen Abschluß gelangt, und zwar im entgegengesetzten Sinne, derart, daß die ganze Erscheinung gar nicht mehr so merkwürdig erscheinen dürfte, wie sie Kiesow noch nach vier Jahren erschienen ist. In eben demselben Jahre nämlich, in welchem der Gradenigo-Kiesowsche Versuch angestellt wurde, in demselben Jahre, in welchem Zwaardemaker zum ersten Male seine häufig wiederholte Ansicht vom süßen Schmecken des Geruchsorgans aussprach, die er mit diesem Versuch begründet, war bereits durch

---

torie dei tessuti, con secondarie alterazioni nervose. Masini, ad analoga domanda di Grazzi, risponde che il tempo di reazione per gli stimoli olfattivi è minore del tempo di reazione tattile e maggiore dell'acustico e del visivo.

[1]) Kiesow (Ztschr. f. Psych. u. Physiol. d. Sinnesorgane 1903, 31. Bd., pag. 300, Anm., im Referat über Zwaardemakers „Geruch", [Asher-Spiro Ergebnisse der Phys.]): „Der vom Verf. [Zwaardemaker] zitierte Versuch Gradenigos wurde von diesem auf meine Anregung an mir selber ausgeführt. Bei vielfach fortgesetzten Beobachtungen bin ich jedoch zu dem Ergebnis gekommen, daß wohl mehrere Orte für das Zustandekommen der merkwürdigen Erscheinung anzunehmen sind (vergl. Arch. ital. de Biol. 38 (2) 336). Zu einem endgültigen Abschluß der Beobachtungen hat uns bisher die Zeit gefehlt." In dieser seiner Arbeit „Sur la présence de boutons gustatifs à la surface linguale de l'épiglotte humaine, avec quelques réflexions sur les mêmes organes qui se trouvent dans la muqueuse sur larynx" (Arch. ital. de Biol. 1902, 38 [2], pag. 334—336) gibt Kiesow an: „Il peut se faire cependant — mais, de cela, je n'en suis pas encore absolument certain — qu'ils soient aussi dans un certain rapport avec ce qu'on appelle le goût nasal."

Rollett[1]) das gerade Gegenteil bewiesen. Zwaardemaker[2]) erwähnt zwar auch Rolletts Arbeit, trotzdem geht er noch auf das widersprechende, von Rollett widerlegte, Ergebnis des höchst unvollständigen Versuches von Gradenigo-Kiesow zurück. Rollett hatte den einwandsfreien Nachweis geliefert, daß Chloroform beim Riechen gar nicht mehr süß schmeckt, wenn die Schmeckflächen durch Gymnemasäure künstlich geschmacklos gemacht sind.

Man muß nun beim Schmecken von Chloroform oder überhaupt von flüchtigen Schmeckstoffen, ganz besonders aber beim Schmecken von Riechstoffen, unter physiologischen Bedingungen drei Arten unterscheiden:

1. das direkte Schmecken des flüssigen Chloroforms, das in Lösung auf die Zunge gebracht wird;
2. das direkte Schmecken des gasförmigen Chloroforms, das direkt auf die Zunge, in gasförmigem Zustand, gebracht wird (oral, inwendig riechen);
3. das indirekte Schmecken des gasförmigen Chloroforms, das indirekt durch die Nase die Geschmacksempfindung erregt (nasal, auswendig riechen).

In allen Fällen ist der Geschmack von Chloroform unverkennbar und intensiv süß. Gilt es nun, den Geschmack dieser verschiedenen Arten unter pathologischen Bedingungen zu verfolgen, so kommen die Zustände der Ageusia totalis oder partialis, der Anosmia essentialis oder arteficialis und schließlich die mit Ageusie begleitete Anosmie in Betracht.

A) I. Rollett[3]) bediente sich zur Erzeugung der par-

---

[1]) Rollett (Pflügers Archiv, 1899, 74. Bd., pag. 399).
[2]) Zwaardemaker (Arch. f. Physiol., 1903, pag. 122).
[3]) Rollett (Pflügers Archiv, 1899, 74. Bd., pag. 399).

tiellen Geschmacklosigkeit[1]) des Dekoktes von 5% der Blätter von Gymnema silvestris, zumeist aber der sehr wirksamen Gymnemasäure Merck selber und zwar einer, mittels Alkohols von 58%, bereiteten Lösung, welche 5% der Säure enthielt. Wurde die Zungenspitze mehrere Male, etwa zehnmal, mit dieser Lösung bepinselt, so war die Süßempfindung ausgefallen, wenn ein mit Chloroform getränkter Pinsel auf die Zunge gestrichen wurde.

Den Rollettschen Versuch haben wir[2]) mehrfach wiederholt. Die Lösung von Gymnemasäure Merck zu 5% in Alkohol von 58% führte stets den Ausfall der Süße von Chloroform beim direkten Schmecken für längere Zeit herbei, mitunter sogar 8 Stunden.

Gradenigo und Kiesow haben dieses direkte linguale Schmecken von Chloroform nach Anwendung von Gymnemasäure unterlassen zu prüfen; ferner geben sie auch nicht an, wie stark die von ihnen angewandte Lösung war. Somit ist es auch nicht ausgeschlossen, daß selbst beim direkten lingualen Schmecken nach der Anordnung von Gradenigo-Kiesow noch der Süßgeschmack wahrgenommen werden könnte. Denn die Süße des Chloroforms ist eine ungeahnt intensive. Wie intensiv die Süße des flüchtigen Süßstoffes Trichlormethan ist, geht schon aus der hohen Konzentration der Gymnemasäure-Lösung hervor, welcher dieser Süßstoff zur Paralysierung bedarf.

---

[1]) Preyer behauptet zwar, daß die deutsche Sprache keine Bezeichnung für Ageusie und Anosmie hat. (Real-Enzyklopädie 1885 sowie 1894.) Die Übertragung von Cloquets Osphresiologie übersetzt schon 1824 Anosmie mit „Geruchlosigkeit", ebenso bezeichnet „Geschmacklosigkeit" nicht nur die objektive ideelle Bedeutung, sondern ist auch für die eigentliche Bedeutung anwendbar.

[2]) Diese und die folgenden Versuche habe ich mit meinem Bruder, Dr. med. Ludwig Sternberg, Spezialarzt für Hals- und Nasenkrankheiten, gemeinsam ausgeführt.

Die Gymnemasäuretabletten (Merck), welche keine reine Gymnemasäure darstellen, sondern aus den gepulverten Blättern von Gymnema silvestris hergestellt sind und je 0,1 pro Tablette enthalten, sind wohl leicht imstande, die Ageusie für die gewöhnlichen Süßstoffe herzustellen, nicht aber für Chloroform. Wenn man mit Gymnematabletten die Zunge lange und sorgfältig einreibt, so wird Zucker zwar gar nicht mehr geschmeckt, aber Chloroform, auch Äther. Ein einziger Tropfen Chloroform wird sofort unverkennbar und intensiv süß geschmeckt. Saccharin-Täfelchen Nr. 1, Marke N, welche 110 mal so süß wie Zucker schmecken, von denen also jedes Täfelchen die Süßkraft von $1\frac{1}{2}$ Stück Würfelzucker besitzt, werden, selbst wenn man 5 Täfelchen zugleich auf der Zunge zergehen läßt, nicht mehr geschmeckt, wohl aber Chloroform.

Da Gymnemasäure sich in Chloroform löst, so verwandten wir auch solche Lösungen. Stets wurde der süße Geschmack wahrgenommen.

Wir führten auch mit Kokain eine partielle Ageusie, Ageusia partialis hemilateralis, herbei.

Es wurde eine Lösung von 10% Kokain auf der rechten Seite der Zunge energisch verrieben, nach 5 Minuten wurde Zucker auf der linken und rechten Seite der Zunge eingestrichen. Die Süßempfindung war links sicher, wenn auch nicht sehr intensiv, rechts aber gar nicht vorhanden. Nun wurde das direkte Schmecken des flüssigen Chloroforms geprüft. Die Zunge wurde herausgestreckt, die Lippen aufeinander gepreßt, die Nase während des Versuches geschlossen. Links war die Süßempfindung überraschend intensiv, rechts, 10 Minuten nach der Kokain-Pinselung, aufgehoben. Glyzerin wurde links und zwar intensiver süß als Zucker geschmeckt, rechts gar nicht,

20 Minuten später wurde das direkte linguale Schmecken von Äther geprüft. Links war die Bitterempfindung, wenn auch nur sehr schwach, rechts gar nicht.

Kontrollversuche mit Chinin und mit Saccharin waren nicht ausgeführt worden.

Auffallend erschien uns die ungemeine Verschiedenheit der taktilen Empfindlichkeit beiderseits. Der Zungenrand links und die Zungenspitze erwiesen sich außerordentlich empfindlich, so daß sich ein unerträgliches Kitzelgefühl bemerkbar machte, während hingegen rechts dasselbe bei weitem nicht in diesem Maße hervortrat.

Ebenso hatte die Pinselung der einen Zungenhälfte mit einer Lösung von Kokain 5 : 20 zur Folge, daß auf dieser Seite die Pinselung mit Chloroform nicht, auf der andern Seite aber recht deutlich wahrgenommen wurde. Die Auflösung von Chinioidin in Chloroform (10 : 20), welche sehr süß und nachher bitter schmeckt, wurde nach der Kokainpinselung (5 : 20) der linken Zungenhälfte links gar nicht gespürt, rechts süß und bitter; Chinioidin als Harz eingerieben, wurde links gar nicht, rechts bitter geschmeckt, Chloroform links gar nicht, rechts süß.

Selbst wenn mit einer Kokainlösung von 25 % energisch, in ausgedehntem Maße und während längerer Zeit gepinselt, gegurgelt und gespült wurde, wurde doch die Süße beim Riechen von Chloroform geschmeckt, „hinter dem Ohr“, wie manche Versuchspersonen angaben.

II. Rolletts[1]) Parallelversuche mit Äther bei Kokainanwendung hatten dasselbe Ergebnis.

Rollett bepinselte 5 mal mit einer 2 % Lösung von

---

[1]) Rollett, 1899, l. c. pag. 410.

Cocain. muriatic. die Zunge. Nach 5—10 Minuten wurde der bittere Geschmack des mit Äther angesogenen Pinsels nicht mehr wahrgenommen, ebenso auch nicht mehr 1 % Chinin. sulf., während der Süßgeschmack von Chloroform, Glyzerin, Zucker völlig erhalten war.

B) I. Die zweite Art des direkten Schmeckens von Chloroform, das in gasförmigem Zustand dem gelähmten Geschmacksorgan dargeboten wird, hat ebenfalls Rollett[1]) geprüft. Er verwandte dazu 15 ccm derselben Gymnemasäure-Lösung, welche er 15 Minuten hindurch einwirken ließ. Die Wirkung hielt stundenlang an. Die Süßempfindung fiel aus, wofern nur das Schlucken und das Einatmen durch die Mundhöhle sorgfältig vermieden wurde, das Einatmen hatte freilich den süßen Geschmack zur Folge. Ebenso war auch die Süßempfindung sofort deutlich, wenn Chloroform durch die Nase eingezogen wurde.

II. Dementsprechend prüfte Rollett[2]) auch den Geschmack von Äther nach der Anwendung von 15 ccm einer Lösung von 2 % Cocain. muriatic., mit demselben Ergebnis. Das direkte gasometrische Schmecken war aufgehoben, aber nicht das indirekte nasale Schmecken.

Auch diesen Versuch haben wir oft, mit demselben Erfolge wiederholt. Wir führten mit derselben Lösung auf der rechten Seite der Zunge Ageusie herbei und verwandten zur Prüfung des direkten gasometrischen Schmeckens das Gustometer. So ließen wir den Gasstrom direkt auf die Zunge einwirken. Auch auf diese Weise wurde der Süßgeschmack rechts nicht bemerkt, freilich erschien er auch links herabgesetzt. Beim tiefen Einatmen oder beim Riechen von Chloroform bezw. Äther nach Kokain-Wirkung trat sofort und

[1]) Rollett, 1899, l. c., pag. 400.
[2]) Rollett, 1899, l. c., pag. 410 u. 411.

zwar hinten Süßgeschmack bezw. Bittergeschmack ein. Den Grund dafür sieht Rollett in dem Aufsteigen von Chloroform- bezw. Ätherdämpfen in Rachen und Nase.

C) I. Diese letzten Schmeckflächen nun schließlich auch noch zu lähmen, benutzt Rollett[1]) das Nasenschiffchen oder den Fränkelschen Nasenspüler. Wurde die hintere Oberfläche des Gaumensegels mit Gymnemasäure-Lösung bespült, so war nunmehr, sehr bald, 15 Minuten nach der Bespülung, die Süßempfindung auch beim Einziehen von Chloroform durch die Nase aufgehoben. Selbst nach 3 Stunden trat noch keine Süßempfindung beim Riechen von Chloroform ein, erst 4½ Stunden nach der Eingießung machte sich ein schwacher süßer Geschmack bemerkbar, der erst nach 8½ Stunden wieder sehr deutlich wurde. Hingegen wird der süße Geschmack beim direkten gasometrischen Schmecken, dem oralen Riechen, noch wahrgenommen.

Überall da, wo der süße „Geruch" des Chloroforms aufgehoben war, wurde der bittere „Geruch" des Äthers mit voller Deutlichkeit wahrgenommen.

Dasselbe Ergebnis hatten die Versuche, die wir mit Chloroform und Äther ausführten.

Ebenso wurde, wenn durch Kokain 25% totale Ageusie und zugleich Anosmie herbeigeführt war, der süße Geruch nicht mehr erkannt.

II. Für „Bitter" stellte Rollett[2]) die Ageusia partialis posterior dadurch her, daß er eine Kokain-Lösung von der Nase her in den Rachen mittels Schiffchens oder Nasenspülers eingoß; so hob er den bitteren Geschmack des Äthers auf.

---

[1]) Rollett, 1899, l. c., pag. 401 u. 402.

[2]) Rollett, l. c., pag. 411.

Durch diese Versuche sind also die Ansichten von Gradenigo und von Kiesow als widerlegt zu betrachten. Damit ist dann aber auch endgültig bewiesen, daß die eine der beiden Voraussetzungen, welche Zwaardemaker zu der angeführten Behauptung führen, hinfällig ist.

Freilich könnte der Einwand erhoben werden, daß es sich bei dieser Versuchsanordnung um gleichzeitige Anosmie mit Ageusie handelt. Die Empfindung des süßen Geruchs von Chloroform trat ja schon lange, sogar Tage vorher, wieder ein, bevor die Geruchsfähigkeit der Nase wiederhergestellt war. Die totale Anosmie dauerte 3 Tage, die partielle noch länger, die Ageusia posterior partialis hingegen nur 8 $^{1}/_{2}$ Stunden.

Allein ein Fall von Ageusie bei Euosmie ebenso ein Fall von essentieller Anosmie bewies, daß dieser Einwand hinfällig ist.

Das indirekte Schmecken von flüchtigen Schmeckstoffen bei Anosmie ist mehrfach geprüft worden von Stich, Rollett bei artefizieller Anosmie, von Placzek und mir bei essentieller Anosmie. Stich[1]) hatte beim Schnüffeln von Chloroform und artefizieller Anosmie dieselbe Wahrnehmung wie bei Euosmie, so daß er Chloroform für schmeckend, aber geruchlos hält. Rollett[2]) gibt erklärende Untersuchungen, warum Stich bei Euosmie den Geruch des Chloroforms nicht bemerkte.

Der zweite Grund, die Geschmacksempfindung beim süßen Geruch von Chloroform in die Regio olfactoria zu verlegen, ist für Zwaardemaker[3]) der Ausfall des Fick-

---

[1]) Stich, l. c., pag. 114.

[2]) Rollett, l. c., pag. 390 u. 405.

[3]) Zwaardemaker, 1905, l. c., pag. 189.

schen[1]) Versuches, wonach der süße Geruch ausschließlich bei Benutzung der vorderen Hälfte des Nasenloches zustande käme. Nagel[2]) erhält nicht einmal bei dieser Anordnung den Geschmack.

Wenn man nun aber nach Ficks Anordnung ein Kautschuk-Röhrchen mit dem einen Ende in den engen Hals einer Flasche setzt, die Chloroform enthält, mit dem anderen Ende in die Nase, so zwar, daß das Röhrchen hinten im Nasenloche mit der Öffnung gegen die mittlere oder untere Muschel gerichtet ist, und alsdann tief einatmet, so hat man ebenfalls ganz deutlich den süßen Geschmack. Der Ficksche Versuch fällt also bei meinen Versuchspersonen und bei mir selber für Chloroform genau ebenso aus wie für Kapronsäure[3]) oder die anderen schmeckbaren Riechstoffe.

Somit erscheint mir auch die zweite Voraussetzung, mit welcher Zwaardemaker seine Behauptung begründet, hinfällig. Wenn aber seine beiden Voraussetzungen nicht zutreffend erscheinen, dann ist auch seine Behauptung als widerlegt zu betrachten.

Wenn Zwaardemaker[4]) ferner von Chloroform behauptet, „Aufblasen auf die Zungenspitze allein gibt keine Süßempfindung“, so haben zahlreiche Versuche meinerseits das Gegenteil auch hiervon ergeben.

Zu alledem kommt aber auch noch, daß dieser Gegen-

---

[1]) A. Fick, Sinnesorgane, 1864, pag. 100.

[2]) Nagel (Zeitschr. f. Psychol. u. Physiol. d. Sinnesorg., 38. Bd., 1905, pag. 196): „Z. erhält süßen Geschmack bei Chloroformeinblasung in die Nase unter Bedingungen, bei denen ich nur Geruch, keinen Geschmack wahrnahm“. — (Ebenda pag. 197): „Ich empfinde, wie gesagt, süß weder bei der einen noch bei der anderen Einströmungsrichtung“.

[3]) Zwaardemaker, 1905, l. c., pag. 195.

[4]) Zwaardemaker, l. c., pag. 193.

satz im indirekten Schmecken des flüchtigen Riechstoffes, je nach der Darbietung für die vordere oder hintere Hälfte der Nasenöffnung, sich nur auf Chloroform beschränkt. Denn nach Zwaardemakers eigener Angabe fällt der Ficksche Versuch merkwürdigerweise für Kapronsäure[1]) negativ aus, wofür, wie Nagel[2]) mit Recht hervorhebt, Zwaardemaker eine Erklärung uns schuldig bleibt.

Es ist eben nur im Fall von Ageusia totalis der Geschmack beim Riechen sämtlicher flüchtiger Schmeckstoffe, also das indirekte Schmecken, aufgehoben. Andererseits ist nur bei Ageusia partialis dieser Geruch sämtlicher schmeckenden Riechstoffe vorhanden.

---

[1]) Zwaardemaker (Nederl. Tijdschr. v. Geneesk., 1899). — Derselbe, Geschmack (Asher-Spiro, 1903, pag. 703).

[2]) Nagel (Zeitschr. f. Psychol. u. Physiol. d. Sinnesorg., 38. Bd., 1905, pag. 197).

Drittes Kapitel.

Der Geruch schmeckbarer Riechstoffe bei Anosmie.

Unter den Schmeckstoffen beanspruchen diejenigen ein erhöhtes Interesse, die löslich, zugleich leicht flüchtig sind und überdies noch einen Eigengeruch besitzen, so daß die Qualität ihres Geruches als Geschmack mit der Nase geschmeckt werden kann. Demgemäß kennen alle Sprachen die Bezeichnung eines süßen, bitteren, sauren „Geruches". Schon die Wahl der Beiwörter zur näheren Bezeichnung der Art des Geruches aus dem Qualitätenkreise des Geschmackssinnes ist höchst eigenartig, um so mehr, als der umgekehrte Fall kaum eintritt, daß nämlich zur genaueren Bestimmung des Geschmackes das Beiwort dem Qualitätenkreise des Geruchssinnes entnommen wird. Dies ist aber noch deshalb, in zweifacher Weise sogar, bemerkenswert, weil der Geruchssinn sich doch durch den Reichtum an Qualitäten auszeichnet, ja in demselben Maße wie der Geschmackssinn gerade durch das Gegenteil, durch die Armut seiner Qualitäten.

Es entsteht dann die Frage, ob der durch die Einwirkung der flüchtigen Schmeckstoffe hervorgerufene Sinneseindruck nur Geschmack oder nur Geruch oder schließlich Geschmack und Geruch darstellt. Diese Frage ist aber noch nicht einmal für die einfachsten Körper dieser Art endgültig entschieden. Andererseits ist es auch noch nicht mit genügender Sicherheit bewiesen, ob bei totaler Anosmie die Qualität dieser schmeckbaren Riechstoffe wirklich noch als Geschmack erkannt wird. Es dürfte demnach für beide Zwecke, nämlich die Einwirkung der schmeckbaren Riechstoffe zu prüfen, zugleich den Umfang der absoluten Anosmie zu begrenzen, eine Nachprüfung der Reizung von flüchtigen Schmeckstoffen bei Anosmie geeignet sein.

Schon die alltägliche Erfahrung lehrt, daß der Geruch auf den Geschmack einen wesentlichen Einfluß ausübt. Viele Substanzen verlieren geradezu ihren spezifischen Geschmack, sobald man ihre Einwirkung auf das Geruchsorgan verhindert[1]).

Ebenso bekannt ist es auch, daß durch die Anosmie der Geschmack beinflußt wird. Denn der mit Anosmie Behaftete beklagt meist gar nicht etwa den Verlust des Geruchssinnes, desselben wird er sich gewöhnlich gar nicht einmal bewußt. Das, worüber er klagt, ist vielmehr die Einbuße seitens eines ganz anderen Sinnes, des Geschmackes, und demzufolge tritt der Verlust des Appetits ein, weil dem Kranken alles gleichartig zu schmecken scheint, und er somit keine Freude mehr am Essen empfinden kann.

Picht[2]) freilich ist gegenteiliger Ansicht, indem er meint: „olfactu penitus deficiente gustum normalem et acutum non solum adesse, sed etiam interdum citiorem esse.“ Das ist um so bemerkenswerter, als Picht selbst an Anosmie litt. Deshalb hebt auch Valentin[3]), indem er sich auf

---

[1]) R. Schirmer, Einiges zur Physiologie des Geschmackes. (Deutsche Klinik, XI. Bd., 1859, pag. 131).

[2]) Picht, de gustus et olfactus nexu, praesertim argumentis pathologicis et experimentis illustrato, Berolini, 1829.

[3]) Valentin, Lehrb. d. Physiologie, 1847, pag. 305.

Picht beruft, ebenfalls hervor, daß gerade diejenigen Personen, die an Anosmie leiden, die Geschmackseindrücke bisweilen mit um so größerer Feinheit zu unterscheiden befähigt sind. Danach könnte es scheinen, als würden diese beiden chemischen Sinne, Geruch und Geschmack, bei pathologischen Veränderungen ebenso vikariierend für einander eintreten können, wie die physikalischen Sinne Gesicht und Gehör. Allein die gegenteilige Angabe macht schon Schirmer[1]) bezüglich der Feinheit des Geschmackes bei Anosmie:

„Behauptet nun Picht in seiner Dissertation: De gustus et olfactus nexu, 1829, Berolini, daß er auch bei vollständig mangelndem Geruchssinn fein schmeckt, so hat er im Sinne der Wissenschaft vollständig Recht, und die der Schrift beigefügte Tafel bestätigt es, doch finden wir darin keinen aromatischen, gewürzigen u. dergl. Geschmack angeführt. Und im gewöhnlichen Leben macht sich beim Essen ein Mangel des Geruches z. B. beim Stockschnupfen recht unangenehm bemerklich. Unsere Feinschmecker würden dann wohl süß, sauer, bitter und salzig schmecken, aber der haut goût ginge ihnen verloren."

Eben dasselbe führt Brücke[2]) aus:

---

[1]) R. Schirmer, Einiges zur Physiologie des Geschmackes. (Deutsche Klinik, XI. Bd., 1859, pag. 131 u. 132). — Derselbe, Dissertatio Nonnullae de gustu disquisitiones, 1856, pag. 7 u. 8: „Itaque, si ad observationes hoc loco factas respicimus, sententiam, quam Picht proposuit . . ., improbare nequeo, si gustum proprie dictum intelligit; nam in tabula dissertationi suae adjuncta sapores „exigue acidulos, exigue amaros, metallice amaros, amariter dulces, dulcicule amaros, amariter salsos" etc. haud haesitanter distinguit; olea vero aetherea etc. cibis insidentia, quae olfactu penitus deficiente sentire non poterat, omnino negligit, licet vulgo eorum odorem cum gustu commisceamus."

[2]) Ernst Brücke, Vorlesungen über Physiologie, 2. Bd., 2. Aufl., 1875, pag. 243.

„Es ist bekannt, daß Menschen, die keinen Geruch haben, auch rücksichtlich vieler Substanzen ein nur unvollkommenes Unterscheidungsvermögen in bezug auf den spezifischen Geschmack besitzen. Die Empfindungen von Süß, Sauer, Salz und Bitter existieren für sie noch, aber sie haben nicht den spezifischen Geschmack der Fleischbrühe."

Der beste Repräsentant eines flüchtigen Süßstoffes ist Chloroform. Über die Qualität des Geschmackes von Chloroform kann kein Zweifel sein. Süß schmeckt Chloroform in flüssigem Zustand jedem beim direkten Schmecken mit der Zunge. Aqua chloroformisata schmeckt außerordentlich süß. Gießt man nur einige Tropfen Chloroform in $^1/_2$ Liter Wasser und schüttelt gut um, läßt man überdies dem außerordentlich schwer löslichen Chloroform hinreichend Zeit, sich noch abzusetzen, und kostet man nach Stunden die oberflächlichsten Schichten, so kann man den deutlichsüßen Geschmack noch wahrnehmen.

Für die Sinnesqualität dieses Süßstoffes und seiner Homologen ist die Erklärung versucht[1]) worden, die nämliche, welche den süßen Geschmack aller anderen Süßmittel deuten könnte.

Neuerdings gibt nun v. Frey[2]) an: „Da Körper, wie Saccharin, das neutrale essigsaure Bleisalz, Chloroform und einige wenige andere Körper süßen, so muß man gestehen, daß eine allen diesen Stoffen gemeinsame chemische Eigenschaft vorläufig nicht angegeben werden kann."

---

[1]) Verhandlungen d. Gesellsch. Deutscher Naturforscher und Ärzte, 1901 Engelmanns Archiv, 1903, pag. 118. Archives internationales de Pharmacodynamie et de thérapie, 1904, pag. 22.

[2]) v. Frey, Vorlesungen über Physiologie, 1904, pag. 328.

Allein schon Jahre zuvor waren diese wenigen vereinzelten, von Frey und seinen Schülern immer wieder als Ausnahmen von der Regel angeführten, Süßkörper gesammelt worden, jene vermeintlichen Ausnahmen, welche der Zuckergruppe chemisch fernstehen, außerdem aber auch noch sämtliche anderen Süßmittel überhaupt zum ersten Male zusammengefaßt. Dabei hat es sich ergeben: Mit Saccharin teilt eine große Klasse chemisch zusammengehöriger Verbindungen[1]) den süßen Geschmack, mit dem neutralen essigsauren Bleisalz alle anderen, selbst die nicht neutralen Bleisalze[2]), ja eine ganze Klasse chemisch zusammengehöriger salzartiger Verbindungen; ebenso ist auch Chloroform[3]) nur ein Glied einer recht zahlreichen Gruppe von Süßmitteln. Diese angeführten Süßmittel stellen also keineswegs etwa Ausnahmen von der Regel dar, welche alle Süßmittel vereinigt. Überdies war aber auch das Gegenteil von den Behauptungen Freys bereits erwiesen, nämlich daß eine allen Süßstoffen gemeinsame chemische Eigenschaft sehr wohl angegeben werden kann.

Nicht nur die Halogen-Alkyle, die chemisch nächsten Verwandten des Chloroforms, schmecken süß, sondern sogar die anorganischen Ester[4]).

Chloroform schmeckt auch in gasförmigem Zustand

---

[1]) „Die stickstoffhaltigen Süßstoffe." (Engelmanns Archiv für Physiologie Suppl., 1905, pag. 201—286).

[2]) „Über das süßende Prinzip" (Engelmanns Archiv f. Physiologie 1903, pag. 113—119).

[3]) „Le principe du goût doux dans le second groupe des corps sucrés. Archives internationales de pharmacodynamie et de thérapie. 1904, volume XIII.

[4]) Engelmanns Archiv für Physiologie 1904, pag. 553.

deutlich süß. Dies ist der Fall beim direkten Schmecken mit der Zunge, wie dies Stich[1]) unwiderleglich bewiesen hat. Derselbe Süßgeschmack tritt auch beim indirekten Schmecken durch die Nase, beim Riechen des Chloroforms, ein, wie dies Stich zuerst gezeigt hatte, und nach ihm, fünf Dezennien fast später, nochmals Zwaardemaker[2]) und Rollett[3]). Leicht ist folgender Versuch. Stellt man eine lange Pipette in ein mit durchbohrtem Korken versehenes Chloroform-Gefäß und saugt man nun Chloroform in der Pipette in die Höhe, so empfindet man, schon längst ehe das flüssige Chloroform den Mund erreicht, den intensiven und unverkennbar süßen Geschmack.

Zwaardemaker[4]), Kiesow[5]) und Gradenigo[6]) behaupten, daß der süße Geschmack beim Riechen des Chloroforms in der Nase mit dem Geruchsorgan perzipiert

---

[1]) Stich (Charité Annalen, VIII. Jahrg., 1857, pag. 108).

[2]) Zwaardemaker (Ned. Tijdschr. voor Geneeskunde, Deel I, pag. 113).

[3]) Rollett (Pflügers Archiv, 74. Bd., pag. 383).

[4]) Zwaardemaker (Ned. Tijdschr. voor Geneeskunde, Deel I, 1899, pag. 113. 23. 5. 1897). „Tast- und Geschmacksempfindungen beim Riechen" (Tast- en smaakgewaarwordingen bij het ruiken). Ned. otolaryng. Veerein. — Art. „Geruch" in Ergebniss. d. Physiologie, I. Jahrg., 1902, pag. 899, § 2. Mechanismus des Riechens; Geschmacks- und Tastkomponente. — Art. „Geschmack", ebenda, II. Jahrg., II. Abt., 1903, pag. 703. — Engelmanns Archiv, 1903, pag. 120, „Riechend schmecken"; Ztschr. f. Psychol. u. Physiol. d. Sinnesorgane, 1905, p. 189, „Riechend schmecken".

[5]) Kiesow (Ztschr. f. Psychol. u. Physiol. d. Sinnesorgane, 1903, pag. 300, Anmerkung) (geleg. d. Ref. über Zwaardemakers Artikel „Geruch" in Ergebnissen der Physiologie von Asher-Spiro).

[6]) Gradenigo, Ann. di Laryng. et Otol., Rin. e Farinol. Jan. 1899, pag. 70. VI. Vers. der italien. Ges. f. Laryng., Otol. u. Rhinologie zu Rom. 25. X. 1899 (Ztschr. f. Ohrenheilkunde, 37. Bd., 1900, pag. 66).

werde, eine Annahme, die an die Vorstellung von Greville Mac Donald[1]) erinnert, der den beiden Abteilungen des Olfactorius gar zwei verschiedene Funktionen zugeschrieben hatte. Die eine Abteilung nämlich, welche die mittlere Muschel und das Septum versorge, sei als der eigentliche Geruchssinn anzusehen, die andere dagegen, welche die obere Muschel versorge, stelle den Geschmackssinn dar.

Ebenso äußert sich auch v. Frey[2]): „Vereinzelte Schmeckbecher finden sich ferner auch in der Schleimhaut der Mund- und Rachenhöhle, dem Nasenrachenraum (Disse, Götting. Nachr. 1894, 66), dem Kehldeckel, den aryepiglottischen Falten. Daß in der Tat die Schmeckfähigkeit nicht allein der Mundhöhle zukommen kann, geht aus der Süßempfindung hervor, die Chloroform, oder der bitteren, die Äther auch dann erregen, wenn ihre Dämpfe bei geschlossener Mundhöhle durch die Nase eingesogen werden.

Man vgl. auch Kiesow und Hahn, Z. f. Ps., 27, 1901, 80."

Es muß einigermaßen schwer fallen, dem Gedankengang v. Freys folgend, diesen ursächlichen Zusammenhang zwischen den beiden letzterwähnten Beobachtungen zu finden.

All diese irrigen Annahmen hat Beyer[3]) durch seine

---

[1]) Greville Mac Donald (London), „On the mechanism of the nose as regards respiration, taste and smell" (Brit. med. Journal. 15. 12. 1888).

[2]) v. Frey, Vorlesungen über Physiologie, 1904, pag. 329.

[3]) Beyer, Zur Frage des nasalen Schmeckens (Berliner otolog. Gesellschaft. 3. 5. 1904). H. Beyer, Nasales Schmecken (Ztschr. f. Psychol. u. Physiol. d. Sinnesorgane, 35. Bd., 1904, pag. 260.

ebenso einfachen wie überzeugend beweisenden Versuche auf das Ungezwungenste widerlegt.

Wie Chloroform für die flüchtigen Süßstoffe, ist der Hauptrepräsentant für die flüchtigen Bitterstoffe der Äther.

Die Sinnesempfindungen, welche durch Chloroform und durch Äther bei artefizieller, vorübergehender Anosmie erzeugt werden, sind bereits mehrfach untersucht worden; zuerst von Stich[1]).

Brücke[2]) hebt ebenfalls die Sinneseindrücke hervor, welche die flüchtigen Schmeckstoffe bei Anosmie erzeugen, nach ihm werden bei Anosmie Chloroform, Alkohol, Äther als „süß, süß und brennend, bitter und brennend" bezeichnet. Umfangreiche Versuche stellte Rollett[3]) an:

„Bei normaler Funktion des Riechorgans wird beim Einziehen von Chloroform oder Äther gleichzeitig der ätherische Geruch und der süße Geschmack des Chloro-

---

[1]) Stich, Die Schmeckbarkeit der Gase (Charité Annalen, VIII. Jahrg., 1857, pag. 114): „Ich vernichtete in der von Weber ermittelten Weise durch Eingießen von Wasser in die Nase meinen Geruch und schnüffelte, nachdem die durch das Experiment bedingte Gefühlsreizung vorüber war, Chloroform, Kohlensäure und Schwefelwasserstoffgas ein. Ich empfand Chloroform und Kohlensäure in der gewöhnlichen Weise, das Schwefelwasserstoffgas war süß und nicht im mindesten faulig. Proben an Leuten, die den Geruch verloren hatten, bestätigten mein Experiment. Die Empfindung, die man durch die in Rede stehenden Gase beim Einschnüffeln hat, ist Geschmack."

[2]) Ernst Brücke, Vorlesungen über Physiologie. 2. Bd., 2. Aufl., 1895, pag. 243.

[3]) Rollett (Pflügers Archiv, 74. Bd., 1899, pag. 383): „Ich beobachtete wiederholt die Empfindungen, welche das Chloroform hervorruft, wenn man es im Falle von totaler, durch Schnupfen erworbener oder auch künstlich erzeugter Anosmie für alle neun von Zwaardemaker nach Linnés, Hallers und Lorrys Vorgange unterschiedenen Geruchsklassen bei vollkommen geschlossenem Munde durch die Nase einzieht."

forms beziehungsweise der bittere Geschmack des Äthers wahrgenommen; im Falle von Anosmie dagegen nur der süße beziehungsweise bittere Geschmack dieser Substanzen."

Rollett[1]) untersucht auch die Einwirkung dieser flüchtigen Schmeckstoffe bei künstlicher Anosmie und artefizieller, schnell vorübergehender Ageusie.

Bei essentieller Anosmie ist der Einfluß der riechenden Schmeckstoffe noch nicht genügend erkannt worden. Placzek[2]), der im selben Jahre der Veröffentlichung von Rollett über zwei Fälle von totaler Anosmie berichtet, macht noch nicht die eindeutigsten Angaben.

Der erste Fall Placzeks[2]) betrifft den damals 44jährigen Diener des pathologisch-anatomischen Instituts der Charité von Prof. Hansemann.

„Gleichzeitig reizend wirkende oder geschmeckte Riechstoffe nimmt er wahr."

Über den zweiten Fall von totaler Anosmie äußert sich Placzek folgendermaßen:

„Andererseits wurden stark riechende, doch gleichzeitig geschmeckte Prüfungsmaterialien, wenn auch nicht erkannt, doch analogisiert, z. B. Chloroform mit Spiritus."

Dieses Urteil läßt jedenfalls nicht unzweideutig erkennen, ob Chloroform tatsächlich geschmeckt worden ist. Was den Geruch betrifft, so ist derselbe mit dem von Spiritus nicht zu „analogisieren". Was den Geschmack anlangt, so besteht keinesfalls irgendwelche Analogie. Denn Spiritus schmeckt in keiner Weise süß. Dies ist

---

[1]) Rollett (Pflügers Archiv, 74. Bd., 1899, pag. 385 u. 402).

[2]) Placzek (Berl. med. Ges. am 12. 7. 1899 und Berl. Klin. Wchschr. v. 18. 12. 1899, pag. 1119): „Angeborene absolute doppelseitige Anosmie."

zwar mehrfach behauptet worden. Brücke[1]) gibt an, daß bei Anosmie die Empfindung von Alkohol als „süß und brennend“ bezeichnet wird. Fick[2]) behauptet sogar gelegentlich der Besprechung der süß schmeckenden mehratomigen Alkohole, daß auch die einatomigen Alkohole, z. B. Methyl-, Äthyl-, Propyl-Alkohol süß schmecken. Man brauchte nur die Lösungen dieser Alkohole in den Mund zu nehmen, die verdünnt genug sind, um nicht brennend auf die Gefühlsnerven zu wirken und außerdem die Nase zu schließen, damit die Aufmerksamkeit nicht durch den starken Geruch abgelenkt wird. Doch weist schon Schirmer[3]) darauf hin, daß Spiritus geschmacklos ist.

Zur Entscheidung der beregten Fragen wurde zunächst an dem einen von Placzek beschriebenen Fall von totaler angeborener Anosmie, dem Diener Schultz, eine Nachprüfung vorgenommen.

Dieser, Hermann Schultz, geb. 14. IX. 1855, hat noch denselben Zustand von totaler Anosmie, auch den stärksten Riechreizen gegenüber, wie dies Placzek schon geschildert hat. Angeblich soll auch ein Oheim von ihm, mit dem er jedoch nicht blutsverwandt war, das ganze Leben hindurch totale Anosmie gehabt haben. Er selber ist bei seiner Anosmie durchaus kein Feinschmecker, denn er kann auch den Geschmack der Speisen nicht so leicht und nicht so fein wie andere „herausfinden“, „abschmecken“.

Im Beisein seiner Frau und Tochter erhält er ein enghalsiges Fläschchen, das 5 g Chloroform enthält, ohne daß er Kenntnis von dem Inhalt des Fläschchens hat. Der Aufforderung, bei geschlossenem

---

[1]) Ernst Brücke, Vorlesungen über Physiologie, 2. Bd., 2. Aufl., 1875, pag. 243.

[2]) Fick, Compendium d. Physiologie, 1891, pag. 243.

[3]) Schirmer, Inaug.-Diss., 1856, Gryphiae (Deutsche Klinik, XI. Bd., 1859, pag. 131): „Danach können wir einige Substanzen ganz aus der Reihe der schmeckbaren streichen, wie z. B. Acid. tannic., Spiritus rectif.“

Munde erst mit der linken Seite, sodann mit der rechten Seite der Nase zu riechen, kommt er nach. Auf die Frage: „Wie riecht es?“ antwortet er: „Gar nicht.“ Auf die Frage: „Wie schmeckt es?“ antwortet er sofort und bestimmt: „Süß“.

Das Ergebnis desselben Versuchs bei seiner Frau und Tochter ist das nämliche.

Nun erhält er ein ähnliches enghalsiges Fläschchen, das 5 g Äther enthält, wiederum ohne daß er Kenntnis von dem Inhalt des Fläschchens hat. Er kommt der Aufforderung, bei geschlossenem Munde erst mit der linken Seite, sodann mit der rechten Seite der Nase zu riechen, nach. Auf die Frage: „Wie riecht es?“ antwortet er: „Gar nicht“. Auf die Frage: „Wie schmeckt es?“ antwortet er: „Das Gegenteil vom ersten, bitter, wie bittere Mandeln, aber nicht so intensiv bitter, wie vorher süß.“ Diese näheren Angaben macht er spontan, ohne etwa danach besonders gefragt zu sein.

Das Ergebnis derselben Versuche bei seinen Angehörigen ist wiederum das nämliche.

Ein zweiter Fall von Anosmie betraf die Ehefrau Marie Rudolph, geb. 18. IV. 1860 in Berlin. Sie gibt mit Bestimmtheit an, bis vor 17 Jahren für alle Gerüche deutliche Empfindung gehabt zu haben. Vor 17 Jahren war sie zum ersten Male gravida, es stellte sich kurz vor der Niederkunft starker Husten und Schnupfen ein, die Erkältung hielt bis in die Zeit des Wochenbettes an. Etwa 14 Tage nach der Entbindung trat eine eigentümliche Parosmie auf, es fiel ihr beim Waschen der Kinderwäsche „ein brandiger Geruch“ auf, ebenso ein eigentümliches „kratziges Gefühl im Halse“. Seitdem schwand die Geruchsempfindung beiderseits völlig und kehrte nicht mehr wieder. Sie erinnert sich ganz genau an den Genuß, den ihr der Duft der Blumen früher bereitet hat, und bedauert den Verlust der Sinnestätigkeit sehr. Sie merkt es nicht, wenn in der Küche die Speisen anbrennen. Als sie einmal mit einer Lampe der Wäsche zu nahe kam, und dadurch Feuer unbemerkt entstand, merkte sie es auch dann noch nicht, als das ganze Zimmer bereits völlig mit Rauch erfüllt war.. Wenn die Luft „dick“ ist, merkt sie es, es „kratzt hinten im Halse“.

„Salmiakgeist kriebelt in der Nase.“ Auch der Geschmack ist seit dem Verlust des Geruchs bei weitem nicht mehr so fein. Angeblich soll auch eine jüngere Schwester von ihr für längere Zeit den Geruch verloren haben, derselbe hätte sich jedoch später wieder eingestellt. Die Menses haben nicht wie in dem von G. Ficano[1]) erwähnten Fall irgend welchen Einfluß auf die Anosmie.

---

[1]) G. Ficano, „Contributo allo studio del rapporto elle esiste tra organi genitali ed olfatto“ (Gazzetta degli Ospitali. 17. III. 1889).

Die objektive funktionelle Untersuchung ergibt auch hier totale beiderseitige Anosmie.

Diese Frau erhält nun erst eine kleine enghalsige Flasche, welche 5 g Chloroform enthält, dann etwas Chloroform auf einem Uhrgläschen. Ohne daß sie den Inhalt der Flasche erfährt, riecht sie an der Flasche bei geschlossenem Munde. Gefragt, ob sie den Geruch wahrnehme, antwortet sie sofort und bestimmt: „Ja", „es riecht süßlich". Sie lokalisiert den süßlichen Geruch hinten im Halse.

Dieses Ergebnis war beiderseits das nämliche.

Nun erhält sie ebenso ein kleines enghalsiges mit 5 g Äther gefülltes Fläschchen, alsdann wiederum auf einem Uhrschälchen einige Tropfen Äther. Gefragt, ob sie den Geruch wahrnehme, zögert sie lange und nach außerordentlich häufig wiederholten Versuchen antwortet sie: „Nein". Gefragt: „Wie ist der Geschmack?", antwortet sie erst nach lange fortgesetzten Versuchen und auch dann noch nicht mit der Bestimmtheit wie beim entsprechenden Versuche mit Chloroform: „Bitter", „im Halse", „aber nicht so bitter wie vorher süß".

Wenn sie mit der Nase Aloë riecht, hat sie sofort die bittere Geschmacksempfindung. Sie erhält Herb. Absinthi pulverati zum Riechen. Gefragt nach dem Geruche, gibt sie sofort an: „Bitter", „im Halse". Ebenso hat sie den bitteren Geruch, wenn sie an Rad. Gentian. pulv. schnüffelt.

Dieselben Resultate erhielt ich in mehreren anderen Fällen von Anosmie.

In allen diesen Fällen wurde also bei absoluter doppelseitiger Anosmie von Äther bezw. Chloroform der Geruch als Geschmack mit der Nase geschmeckt, als bitter bezw. süß. In allen Fällen wurde auch unwillkürlich die Intensität des bitteren Geschmackes mit derjenigen des süßen verglichen, in allen Fällen war dabei das Urteil dasselbe, daß nämlich Äther unverhältnismäßig weniger bitter, als Chloroform süß schmeckt. Die Intensität der Bitterkeit von Äther erschien allen Versuchspersonen auffallend kleiner als die der Süße von Chloroform.

Was den Vergleich der Intensitäten von verschiedenen Qualitäten betrifft, so ist derselbe schwierig, aber nicht unmöglich, wie mehrfach angegeben ist. Zuerst hat darauf

Keppler[1]) hingewiesen. Ebenso hebt Mayr[2]) die Schwierigkeit hervor, die Intensität verschiedener Qualitäten zu vergleichen. Daß seine Ansicht nicht völlig zutrifft, hat Rollett bereits 5 Jahre zuvor bewiesen. Rollett[3]) verglich bereits die Intensität des bitteren Geschmackes von flüssigem Äther beim direkten Schmecken der Zunge mit der Intensität des süßen Geschmackes von flüssigem Chloroform, ebenfalls bei direktem Schmecken der Zunge, und gibt beim genau entsprechenden Versuche mit Äther folgendes Urteil ab: „Bitter, welches aber lange nicht so intensiv auftritt, wie das Süß bei dem Chloroformversuche und daher nur bei sehr gespannter Aufmerksamkeit wahrgenommen wird.“ Rollett rät deshalb sogar, den Versuch mit Äther besonders zu modifizieren, und gibt als Grund dafür ausdrücklich den an, daß der bittere Geschmack bei diesem Versuche nur sehr schwach wahrgenommen wird, und Zweifel über das Vorhandensein einer Geschmacksempfindung entstehen könnten.

Überdies weist Rollett[4]) nochmals auf den auffallend schwachen bitteren Geschmack von Äther hin und bezeichnet den Eindruck hierbei als „die schwache Bitterempfindung“.

Die von mir vielfach angestellten Versuche an den verschiedensten Versuchspersonen ergaben, daß beim direkten

---

[1]) Fr. Keppler (Pflügers Archiv II. Bd., 1869, pag. 458).

[2]) Karl Mayr (Habilitationsschrift „Beiträge zur Physiologie u. Pathologie des Geschmackssinnes“, 1904, pag. 21): „Es ist schwer oder fast unmöglich, die Intensität verschiedener Qualitäten in eine genauere Beziehung zueinander zu setzen, also z. B. eine Zuckerlösung herzustellen, die die gleiche Geschmacksintensität zeigte wie eine gegebene Säurelösung.“

[3]) Rollett (Pflügers Archiv, 74. Bd., 1899, pag. 407).

[4]) Rollett, l. c., pag. 407.

Schmecken von flüssigem Äther auf der Zunge die bittere Geschmacksempfindung nicht immer mit Sicherheit angegeben wurde, ausnahmsweise lautete das Urteil auch manchmal „süß“, wie Liebreich[1]) dies angibt: „Äthergeschmack eigentümlich süßlich brennend.“ Beobachteten die Versuchspersonen die von Rollett[2]) zu diesem Zwecke eigens angegebene Vorschrift, so wurde auch dann noch nicht der bittere Geschmack erkannt. Andererseits wurde niemals die Antwort auf die Frage verfehlt, wie der Geschmack des Chloroforms beim direkten Schmecken des flüssigen Chloroforms mit der Zunge ist. Stets, ohne Ausnahme, erfolgte sofort die bestimmte Angabe, daß deutlich, unverkennbar und intensiv die süße Geschmacksempfindung wahrgenommen wird. Derselbe Geschmack wurde beim Schmecken durch die Nase in gasförmigem Aggregatzustande stets, ohne eine einzige Ausnahme, sofort, mit Bestimmtheit angegeben. Hingegen bedurfte es doch oft bei einigen Versuchspersonen mehrmaliger Nachprüfung, bevor der bittere Geschmack beim Schmecken des Äthers in gasförmigem Aggregatzustande durch die Nase erkannt wurde. Alsdann freilich wurde auch die Bitterkeit später stets deutlich und ebenfalls intensiv wiedererkannt. Der bittere Geschmack des gasförmigen Äthers ist jedenfalls meist leichter beim indirekten Schmecken, durch die Nase, als beim direkten Schmecken mit der Zunge, wahrzunehmen, wohl deshalb, weil bei der ersteren Methode der Schmeckstoff eher und konzentrierter nach hinten gelangt.

Beyer[3]) gibt an, daß Acetaldehyd bitter schmeckt.

---

[1]) Liebreich-Langgaard, Kompendium der Arzneiverordnung, 1887, pag. 51.

[2]) Rollett, l. c., pag. 407.

[3]) Beyer (Engelmanns Archiv f. Physiologie, 1901, pag. 261).

Formaldehyd wurde nie als schmeckend erkannt, Acetaldehyd hingegen äußerst bitter.

Was den sauren Geruch betrifft, so ist es sicher, daß die Empfindung des Sauren nicht einen reinen Geschmackseindruck darstellt, Preyer[1]) zählt sie zum Geschmack und zugleich zum Geruch.

Es ist aber offenbar, daß sich der Eindruck des Sauren neben anderen Sinneseindrücken auch aus dem Eindruck einer Geschmacksempfindung zusammensetzt; ebenso sicher ist es ferner, daß der saure Geruch lediglich der Geschmack der flüchtigen Säure ist, die im gasförmigen Aggregatzustande durch das Geruchsorgan dem Geschmackssinn zugeführt wird. Ich fand nicht einen einzigen Fall von Anosmie, der, entsprechend der Definition von Preyer[1]), den sauren Geruch nicht mehr wahrnehmen könnte.

Die Pharmakologie empfiehlt seit alters her saure Dämpfe als „Riechmittel".

In pathologischen Fällen von Anosmie benutzte Ludwika Goldzweig[2]) zur physiologischen qualitativen Olfaktometrie sogar Acidum aceticum glaciale; dabei zeigte es sich, daß selbst bei totaler beiderseitiger Anosmie der saure Geruch stets noch empfunden wird.

(Nr. IV, pag. 19.) 36jähriger Mann. Multiple Sklerose. Beiderseits keine Geruchswahrnehmung. Acidum aceticum glaciale wird empfunden.

(Nr. VI, pag. 19.) Hysterie. Rechts werden alle Gerüche wahrgenommen. Links nur acidum aceticum glaciale und liquor ammonii anisatus.

---

[1]) W. Preyer, Anosmie (Enzyklopädie von Eulenburg, 1885 [1894 wörtlich ebenso] pag. 481).

[2]) Ludwika Goldzweig, Beiträge zur Olfaktometrie, J. D., Bern 1894, pag. 17 (Archiv. f. Laryngol., VI. Bd., 1. Heft, pag. 142—145).

(Nr. XXII, pag. 21.) 37 jähriger Mann. Polyneuritis. Geruchswahrnehmungen beiderseits herabgesetzt. Acid. acet. glaciale wird sofort empfunden.

(Nr. XXV, pag. 21.) 21 Jahre alt. Pneumonie. Nur acid. acet. glaciale und liquor ammon. anis. werden schwach wahrgenommen, 1, 2, 3, 4 der Reihe, also die reinen Gerüche, nicht wahrgenommen.

(Nr. XXIX, pag. 22.) Nur liquor ammon. anisat. und acid. acet. glac. werden empfunden. Die übrigen reinen Gerüche — nicht.

(Nr. XXX, pag. 22.) Nur liquor ammon. anis. und acid. acet. glac. werden wahrgenommen. 1, 2, 3, 4 nicht.

(Nr. XXXV, pag. 23.) Außer liquor ammon. anis. und acid. acet. glac. wird beiderseits nichts gerochen.

(Nr. XXXX, pag. 23.) Vollständige Anosmie. Acidum aceticum glaciale wird empfunden (Trigeminusreizung).

Johannes Müller[1]) gibt schon an: „Die Gase erregen zuweilen auch den Geschmack, wie die schweflige Säure".

Wird nämlich Schwefel (S) an der Luft auf 260° erhitzt, so entzündet er sich und verbrennt mit blauer Flamme. Das Produkt, das sich dabei bildet, ist eine Verbindung von Schwefel mit Sauerstoff, Schwefeldioxyd, ein Gas, das „eigentümlich stechend riecht", wie allgemein angegeben wird. Dieser „Geruch" ist jedermann bekannt. Denn wenn man ein „Schwefelholz" anzündet, so entsteht ebenfalls aus dem Schwefel des Hölzchens diese Verbindung. Der Nachweis dafür, daß dieses Gas wirklich SO_2 ist, wird geradezu durch die Geruchsprobe geführt, so charakteristisch ist eben der „Geruch". SO_2 löst sich nämlich in Wasser, und es entsteht die Säure H_2SO_3, welche — wegen des geringeren Sauerstoffgehaltes der Schwefelsäure H_2SO_4 gegenüber — mit dem Diminutivum „schweflige" Säure bezeichnet wird. Somit ist das direkte Verbrennungsprodukt des Schwefels die schweflige Säure:

$$H_2O + SO_2 = H_2SO_3.$$

[1]) Johannes Müller, Handb. der Physiologie des Menschen, II. Bd., Koblenz, (1837) 1840, pag. 490.

In jenen von mir geprüften Fällen von totaler Anosmie wurde der Geruch von brennendem Schwefel, der Geruch eines brennenden „Schwefelholzes" älteren Fabrikates sofort und deutlich erkannt. Auf die Frage, ob der Geruch wahrgenommen wäre, wurde stets angegeben: „Gar nicht". Auf die Frage, wie der Geschmack beim Riechen sei, wurde stets angegeben: „Sauer", „Sauer wie Essig".

Auf diese Weise mag sich wohl auch in ganz ungezwungener Weise das merkwürdige Verhalten des Geruches bei Anosmie erklären, das Zwaardemaker[1]) in einem Fall besonders hervorhebt.

„Es ist merkwürdig, daß in dem oben berichteten Falle von postdiphtheritischer Anosmie der Geruch eines brennenden Streichhölzchens der einzige Riecheindruck war, der jederzeit in voller Schärfe von dem Kranken wahrgenommen werden konnte".

Ebenso wurde auch in den Fällen von Anosmie der saure Geschmack der Essigsäure durch die Nase erkannt.

Somit gibt es einen süßen, sauren, bitteren „Geruch" auch bei Anosmie, es können also sehr wohl die drei Qualitäten des Geschmackes noch durch den Geruch bei Anosmie wahrgenommen werden, allein die letzte Geschmacks-Qualität, die salzige, nicht mehr.

Wenn es somit feststeht, daß jeder Fall von Anosmie noch den süßen, den sauren und den bitteren „Geruch" wahrnimmt, daß diese Gerüche lediglich Geschmäcke sind, so ist doch auch die gegenteilige Behauptung aufgestellt

---

[1]) H. Zwaardemaker, Die Physiologie des Geruchs, 1895, pag. 259. 260.

worden. Schirmer[1]) behauptet nämlich, daß auch die nicht flüchtigen Schmeckstoffe für den normalen Geruchsinn schon einen spezifischen Geruch haben. Nachdem dieser Autor erst das Gebiet des Geruchssinns von dem des Geschmackssinnes abgrenzt, fährt er fort: „Nur möchte ich noch auf den weniger bekannten Geruch einiger Körper aufmerksam machen: Salizin riecht ähnlich wie grüne Walnusschalen, Chin. sulph. wie bittere Mandeln, der spezifische Geruch des Essigs ist bekannt; aber auch der weiße Zucker hat einen eigentümlichen, wenn auch nicht starken Geruch. Hiervon überzeugte ich mich und andere, indem wir dieselben Substanzen, bald bei freier, bald bei verschlossener Nase genossen. Daher kann auch von wissenschaftlicher Seite nichts eingewendet werden, wenn man von einem säuerlichen und süßlichen Geruch spricht".

Da Schirmer[2]) selbst bald darauf „sauer", „süß" zu den Geschmacksqualitäten zählt, müßte man mit ihm annehmen, daß „sauer" und „süß" Qualitäten des Geschmacks und zugleich des Geruches seien.

Es können nun aber auch die nicht flüchtigen Schmeck-

---

[1]) R. Schirmer, Einiges zur Physiologie des Geschmackes, (Deutsche Klinik, XI. Bd., 1859, pag. 131): „dico salicinum, quod odorem oleo juglandis similem praebet, et chininum sulphuricum, quod in solutione concentrata, ut mihi et aliis visum est, olei amygdalarum amararum similitudinem prae se fert; deinde aceto organon olfactus affici neminem fugit; sed etiam saccharum album odore quodam proprio praeditum est, quem si nares antea compressas mox glutientes reclusimus, ego aliique egregie percepimus. Itaque homines summo jure et odorem acidulum ei dulcem dicunt, neque ab ullo docto viro hanc ob rem reprehendi possunt. Qui dulcis odor minime habendus est pro sapore particulis per nares et choanas ad linguae radicem forti inspiratione perductis effecto, id quod olim putavi". — Derselbe, Dissertation, 1856, pag. 7.

[2]) Ibid., pag. 132.

stoffe, die also nicht in gasförmigem, sondern sogar im festen Aggregatzustande indirekt, d. h. durch die Nase zum Geschmacksorgan gelangen, die also, wie die Bezeichnung des gewöhnlichen Sprachgebrauches lautet, „gerochen" werden, süß, bezw. bitter, bezw. sauer „gerochen" werden. Dies haben die Beispiele mit Herba absinthi, Aloë, Rad. Gentian. pulv. ergeben. Bekannt ist ferner, daß die jungen Apotheker namentlich beim Verreiben von großen Mengen Aloë, wie solche in großem Maßstabe in der Veterinärmedizin häufige Verwendung finden, den unerträglich bitteren Geschmack auch der nicht flüchtigen Aloë oft viele Stunden lang zu beklagen haben, der sich durch nichts beseitigen läßt. Ebenso nehmen die Arbeiter in der Saccharinfabrik den süßen Geschmack täglich durch Einatmen in den Räumen der Fabrik in intensiver Weise wahr[1]).

In ausgedehntem Maße macht sich also tatsächlich bei Euosmie sowohl wie bei Anosmie der bittere, saure und süße „Geruch" geltend, in beschränktem Umfange gilt demnach tatsächlich vom Geruch, was Lecat[2]) im allgemeinen über den Geruchsinn urteilt:

„L'Odorat me paroît donc moins un sens particulier, qu'une partie ou un suplément de celui du Goût dont il est comme la sentinelle: En un mot l'Odorat est le Goût des Odeurs & comme l'avant-goût des Saveurs".

---

[1]) Constantin Fahlberg, 25 Jahre im Dienste der Saccharin-Industrie unter Berücksichtigung der heutigen Saccharin-Gesetzgebung. Vortrag vor dem V. Internationalen Kongreß für angewandte Chemie in Berlin, 1903, pag. 24.

[2]) Oeuvres physiologiques de M. Lecat. Traité des sens en particulier. Tome second., 1767, pag. 230.

Viertes Kapitel.

Die Prüfung des Geschmackssinnes.

Die Methodik der physiologischen und auch der pathologischen Untersuchung des Geschmackssinnes ist bisher in recht geringem Maße behandelt und wenig vervollkommnet worden. Vintschgau[1]), Zwaardemaker[2]) und Nagel[3]) machen nur gelegentliche kurze Angaben.

Die Methoden für die Prüfung des Geschmackssinnes sind qualitative und quantitative, physiologische und klinische, topographische, lokalisierte und allgemeine, universelle.

Zur Anwendung gelangten die adäquaten, die chemischen Schmeckreize und die inadäquaten Reize, die elektrischen. Als chemische Reizmittel sind die Schmeckstoffe in festem, in flüssigem und schließlich auch in gasförmigem Aggregatzustande benutzt worden.

---

[1]) M. v. Vintschgau, Physiologie des Geschmackssinnes (Handbuch d. Physiologie von Hermann, III. Bd., 2. Teil, 1880).

[2]) H. Zwaardemaker, Geschmack, 1903.

[3]) W. Nagel, Der Geschmackssinn (Handbuch d. Physiologie des Menschen, 1904).

I. Die physiologische Saporimetrie.

A. Die qualitative Saporimetrie.

a) Die allgemeine Geschmacksprüfung.

Reizung durch adäquate Reize.

1. Reizung mit Schmeckstoffen von festem Aggregatzustande.

Die einfachste Methode ist die, die Schmeckstoffe von festem Aggregatzustande anzuwenden. So benutzt Zwaardemaker Splitterchen von Kristallen, um sie auf die zu untersuchende Stelle aufzulegen. Ebenso prüft Camerer[1]) den Geschmackssinn verschiedener Stellen der Mundhöhle durch Betupfen mit Kristallen von Chlornatrium, Weinsäure usw.

Allein diese Methode ist unzuverlässig, da man bei etwa stattgehabter Empfindung nie sicher ist, ob sich nicht doch die Auflösung des Geschmacksstoffes auf die Umgebung der untersuchten Stelle verbreitet hat. Jedenfalls sollen die Kristalle an der betreffenden Stelle nicht gerieben werden, sondern müssen angedrückt bleiben. Camerer hat bei einer ziemlichen Anzahl von Personen durch wenige, mehr beiläufig angestellte, Versuche mit Chlornatrium-Kristallen an den papillenlosen Stellen der Zunge nie Geschmacksempfindung erhalten; höchstens entstand bei längerem Andrücken an der Unterseite Brennen.

Eine sehr einfache Applikationsmethode besteht darin, den Schmeckstoff auf die eine Fingerfläche zu legen und

---

1) Ztschr. f. Biologie, VI. Bd., 1870, pag. 441: Über die Abhängigkeit des Geschmackssinnes von der gereizten Stelle der Mundhöhle.

mit der zu untersuchenden Stelle des Sinnesorgans in Berührung zu bringen. Diese Methode eignet sich besonders zur Untersuchung der eigenen, tiefer gelegenen Mundteile, weil dadurch die Berührung des Schmeckstoffes mit anderen Stellen verhütet wird.

2. Reizung mit Schmeckstoffen von flüssigem Aggregatzustande.

Die größte Schwierigkeit der Methode, welche die Schmeckstoffe in flüssigem Aggregatzustande verwenden läßt, besteht in der Diffusion, welche augenblicklich erfolgt und daher andere Bezirke zur Reizung bringt wie diejenigen, welche man zu untersuchen beabsichtigt.

Die Prüfung mit Schmeckstoffen von flüssigem Aggregatzustande ist in der denkbar einfachsten Weise vorgenommen worden. Lombroso und Ottolenghi[1]) lassen sogar zu quantitativen Untersuchungen den gelösten Schmeckstoff in den Mund laufen und dann hinunterschlucken.

Auch ich habe vielfach die qualitativen saporimetrischen Prüfungen in der Weise gemacht, daß ich die Schmeckstoffe schmecken und verschlucken ließ.

Camerer[2]) ließ aus kleinen Trinkgläschen 30 ccm der Kostflüssigkeit in den Mund nehmen; die Zunge wurde möglichst ruhig gehalten, und nach erfolgter Empfindung die Lösung wieder ausgespieen. Dabei können aber die hinteren Partieen der Mundhöhle nicht in Betracht kommen.

Etwas genauer müssen die Methoden schon sein, wenn es sich nicht mehr um die allgemeine Schmeckprüfung

---

[1]) Lombroso u. Ottolenghi, Die Sinne der Verbrecher (Ztschr. f. Psych. u. Physiol. d. Sinnesorg., II. Bd., 1891, pag. 346).

[2]) Dr. Camerer, Die Grenzen der Schmeckbarkeit von Chlornatrium in wässeriger Lösung (Pflügers Archiv II. Bd., 1869, pag. 323: Technik und Normalbedingungen der Versuche).

des totalen Geschmacksorgans handelt, sondern um mehr lokalisierte Reizwirkungen.

Die älteste und zugleich die auch heute noch gebräuchlichste Methode besteht darin, ein Schwämmchen mit dem gelösten Schmeckstoff zu tränken und damit die einzelnen Mundpartieen zu betupfen. A. Verniere[1]) befestigt das Schwämmchen an das Ende eines feinen Fischbeinstabes, so daß die Biegsamkeit des Fischbeinstäbchens die leichte Ausführung der Geschmacksprüfung an allen Stellen der Mundhöhle, je nach Willkür, gestattet. Zum selben Zwecke sind auch andere leichte, biegsame Stahlstäbchen vielfach zur Anwendung gebracht worden. Später bediente man sich kleiner kurzer Röhren aus Glas oder auch aus Schilf, welche mit der Schmeckflüssigkeit gefüllt und auf die bestimmte Stelle der Zunge gebracht wurden.

Am bequemsten benutzt man einen kleinen Pinsel, den man mit der Kostflüssigkeit imprägniert.

Um die benachbarten Stellen vor der Berührung mit dem Schmeckmittel zu schützen, welche durch die leichte Diffusion der Lösungen und die große Beweglichkeit der Zunge so sehr ermöglicht wird, isolieren J. Guyot und Admyrauld[2]) den zu prüfenden Teil der Zunge, indem sie die anderen Teile der Zunge mit einer Membran, weichem Pergament, bedecken. Vintschgau[3]) hält dies nicht nur für ganz überflüssig, sondern sogar für nachteilig.

[1]) A. Vernière, Sur le sens du goût (Journal des progrès des Sciences et Institutions médicales, III vol. p. 208—214 u. Rép. gén. d'anat. et de physiol. de Breschet. 1827).

[2]) J. Guyot u. Admyrauld, Mémoire sur le siége du goût chez l'homme. Bulletin des Sciences médicales. IIIe section de Bulletin universel, publié par la Société pour la propagation des connaissances scientifiques et industrielles et sous la direction de M. le baron de Férussac. Paris 1830. t. XXI, p. 18—22.

[3]) Vintschgau, 1880, pag. 154.

Kiesow[1]) appliziert teils mit Haarpinseln, teils mit tropfglasähnlichen Röhren, denen eine Skala nach $^1/_{10}$ ccm eingeschliffen war, die Schmecksubstanzen. Diese waren Chlornatrium, Chlorwasserstoffsäure, Saccharum alb., Saccharin und Chininum sulfuricum. In allen Fällen, in denen die verwandten Stoffe mit einander in keinerlei chemische Verbindung treten durften, wurde schwefelsaures Chinin vor dem absolut reinen bevorzugt. Die Lösungen dieser nach Möglichkeit chemisch rein gewählten Substanzen wurden mit destilliertem Wasser hergestellt. Ein Verschluß an der oberen Öffnung der Röhren durch einen Kautschukballon gestattete eine leichte Aufnahme und Abgabe der betreffenden Flüssigkeiten. Die angewandten Schmeckstoffe wurden auf Zimmertemperatur gehalten. Sowohl vor dem Beginn einer Versuchsreihe als auch zwischen den Einzelversuchen ließ Kiesow den Mund mit Leitungswasser spülen. Später wurde sogar auch das zum Ausspülen des Mundes dienende Leitungswasser ebenso wie die zu verabreichenden Flüssigkeiten auf die Temperatur des Mundes 37° C. gebracht. Zu diesem Zwecke hielt er Wasser beständig über einer Gasflamme warm und erhielt auf diese Weise die betreffenden Flüssigkeiten, welche in Bechergläsern in ein warmes Wasser haltendes, flaches Gefäß gestellt waren, leicht unter gleicher Temperatur.

Die applizierte Flüssigkeit mußte bei offen gehaltenem Munde ohne Bewegung der Zunge während der zum Versuch nötigen Zeit ruhig auf der gereizten Stelle sicher liegen bleiben; die Augen der Versuchsperson wurden verdeckt.

Bei allen diesen Methoden muß jedenfalls der

---

[1]) F. Kiesow, Beiträge zur physiologischen Psychologie des Geschmackssinnes (Wundt, Philosoph. Studien X. Bd., 1894, pag. 331).

Schmeckstoff stets auf die Schmeckstelle gelinde eingerieben oder dauernd eingestrichen werden[1]).

Vintschgau[2]) gibt noch folgende Vorschriften bezüglich der Versuchstechnik:

Die Temperatur der angewandten Substanzen darf weder zu hoch noch zu niedrig sein.

Die Teile, auf welche die schmeckbare Substanz appliziert wird, dürfen nicht eher bewegt werden, als bis mittels einfacher verabredeter Zeichen angegeben ist, ob und welche Geschmacksempfindungen stattgefunden haben.

Die Versuche sollen nicht bloß mit einer, sondern mit mehreren Substanzen vorgenommen werden, ja es ist sogar notwendig, daß der zu untersuchenden Person unbekannt bleibe, welche schmeckbare Substanz appliziert wird; es ist ferner auch erwünscht, daß einige Vexierversuche mit destilliertem Wasser eingeschoben werden.

Endlich soll man auch prüfen, ob das verabredete Signal rasch oder sehr langsam gegeben wird; denn im ersten Falle kann man, vorausgesetzt, daß die Versuche richtig angestellt wurden, mit Sicherheit annehmen, daß die betupfte Stelle wirklich mit Geschmackssinn begabt ist; auch im zweiten Falle ist dies nicht ausgeschlossen, und wird man dann mit seinem Urteile vorsichtiger sein müssen.

3. Reizung mit Schmeckstoffen von gasförmigem Aggregatzustand.

Gelegentliche Untersuchungen über den Geschmack von Gasen sind von Stich, Valentin und Rollett ge-

---

[1]) Brücke, Vorlesungen über Physiologie, 2. Aufl., II. Bd., 1895, pag. 243.

[2]) Vintschgau (Hermanns Handbuch der Physiologie, III. Bd., 1. Teil, 1880, pag. 155.

macht worden. Zu einer systematischen Methodik sind Gase jedoch nicht angewandt worden.

Reizung durch inadäquate Reize.

4. Elektrische Reizung.

Wie die adäquaten Reize, die gewöhnlichen Schmeckstoffe, sind auch die elektrischen Reizmittel systematisch zur qualitativen Methodik der Untersuchung verwandt worden.

Bei der qualitativen Geschmacksprüfung der verschiedenen Schmeckstoffe galt es als Prinzip, stets die vier Eindrücke und nur die vier Eindrücke: „süß", „bitter", „sauer", „salzig" zu berücksichtigen und alle anderen Eindrücke geflissentlich zu vernachlässigen. Noch mehr empfiehlt es sich, diese Geschmacksempfindungen bei der elektrischen Reizung scharf zu begrenzen und alle anderen Eindrücke außer diesen vier Geschmacks-Qualitäten mit Fleiß zu unterdrücken. Befolgt man diese Regel, so beobachtet man, daß die elektrische Geschmacksreizung von diesen vier Qualitäten nur in auffallend geringem Maße einige Geschmäcke auszulösen vermag. Von allen diesen Geschmäcken ist es nämlich einzig und allein die saure Geschmacksempfindung, welche auf elektrische Reizung einigermaßen konstant und mitunter auch noch hinlänglich deutlich wahrgenommen und mit genügender Sicherheit angegeben wird. Die übrigen Qualitäten hingegen, die salzige, die süße und die bittere, treten vollständig zurück, und falls diese Qualitäten wirklich einmal angegeben werden, sind die Eindrücke und ihre Kennzeichnung dermaßen unbestimmt und unsicher, daß sie zu weiteren Vergleichen nicht verwertet werden können.

Darum empfiehlt es sich, gerade bei den Beobachtungen der elektrischen Geschmäcke die Trennung der Geschmacksarten in „echte“, „reine“ und andere Geschmäcke, denen Empfindungen aus dem Gebiete anderer Sinne zugefügt sind, doch beizubehalten. Nagel[1]) allerdings ist der Ansicht, daß eine solche Teilung überhaupt jeder Bedeutung entbehrt. Das Gegenteil scheint mir aus seiner eigenen Darstellung der elektrischen Geschmäcke hervorzugehen.

Derjenige elektrische Geschmack, der von allen Autoren übereinstimmend angegeben wird, ist der sogenannte laugenhafte Geschmack. Der laugenhafte Geschmack ist aber entschieden gar kein Geschmack. Nagel[2]) freilich behauptet: „Unentschieden ist es zur Zeit noch, ob das Laugenhafte (Alkalische) und das Metallische besondere Geschmacks-Qualitäten darstellen. Beide sind allerdings von den obengenannten Qualitäten leicht zu unterscheiden und beruhen sicher wenigstens teilweise auf Reizung des Geschmackssinnes. Unsicher bleibt aber zunächst, ob das Metallische und Laugige nicht Mischempfindungen sind.“

Zunächst ist hervorzuheben, daß niemals der Versuch gemacht worden ist, überhaupt eine große Reihe der verschiedenen Laugen zu diesen Kostversuchen heranzuziehen; man hat derartige Behauptungen aufgestellt, ohne den Beweis mit einer größeren Anzahl von Experimenten und Substanzen überhaupt zu versuchen, ein Verfahren, wie dies ja in der Physiologie des Geschmackssinnes nicht eben selten vorkommt. Vermutlich gründet sich diese Ansicht auf den alleinigen Versuch mit der einen Lauge, der Kalilauge.

Sodann ist aber auch die Unrichtigkeit der Behaup-

---

[1]) Nagel, l. c., pag. 640.
[2]) Nagel, l. c., pag. 639.

tungen leicht bewiesen. Dieselben Empfindungen nämlich, die die Laugen auf der Zunge ausüben, lösen diese auch auf allen anderen Teilen der Haut und Schleimhaut aus. Es ist also ganz unbestreitbar und zur Zeit schon entschieden, daß der laugige Geschmack jedenfalls kein „reiner“ Geschmack ist. Wenn Nagel selber annimmt, daß der laugige Geschmack sicher wenigstens teilweise auf Reizung des Geschmackssinnes beruht, so widerlegt er jedenfalls wenigstens die kurz zuvor aufgestellte Behauptung, daß nämlich die Teilung der Geschmäcke in „reine“ und „nicht reine“ jeder Berechtigung entbehrt.

Dieselbe Ansicht wiederholt nun Nagel nochmals: „Unzweifelhaft sind in den Empfindungen des Metallischen und des Laugenhaften einzelne der sicher festgestellten Qualitäten enthalten, im Metallischen das Saure und Süße, im Laugenhaften das Bittere und vielleicht das Süße.“ Die Bezeichnung „vielleicht“ stellt sich gerade bei der Beurteilung von Geschmackseindrücken so häufig ein, weil dieselben einer gewissen Intensität durchaus erfordern, wenn anders sie überhaupt mit völliger, unverkennbarer Sicherheit bestimmt werden sollen. Erreicht der Eindruck jene Höhe noch nicht ganz, so lassen wir uns fast stets verleiten, das unbestimmte Gefühl mit manchen ganz fremdartigen Empfindungen zu vergleichen. Es ereignet sich daher, daß wir z. B. den kaum merklichen Geschmack eines süßen oder salzigen Körpers für bitterlich halten, oder daß uns unsere Phantasie verleitet, irgend eine Geschmacksart, die wir vermuten, aber nicht empfinden, ohne weiteres anzugeben. Deshalb empfiehlt es sich, gerade bei diesen gustometrischen Versuchen eine gewisse Vorsicht nicht außer Acht zu lassen.

Nun sollen noch gar zwei „reine“ Geschmacks-

Qualitäten, und noch dazu die beiden diametral entgegengesetztesten, „Bitter“ und „Süß“, in der einen „unreinen“ Geschmacks-Qualität, in der laugenhaften, enthalten sein.

Andere Autoren behaupten hingegen, „Bitter“ gebe mit „Salzig“ den „laugigen“ Geschmack. Goldscheider und Schmidt[1]) halten den sogenannten alkalischen Geschmack für eine Mischempfindung aus „Bitter“, „Salzig“ und einer sensiblen Erregung.

Nach Öhrwall[2]) besteht der alkalische, ebenso wie der adstringierende und der ziemlich wechselnde Metallgeschmack „sicherlich aus einer Mischung von Gefühlssensationen und einer oder mehreren der gewöhnlichen Geschmacksempfindungen (salzig, sauer, süß und bitter) in wechselnder Stärke.“

Noch niemals ist es jedoch gelungen, aus einer Mischung von „Bitter“ und „Salzig“ oder „Bitter“ und „Süß“ oder anderen Kombinationen eine laugige Empfindung auf der Zunge hervorzurufen.

Vollends Kiesow und Hahn[3]) gehen so weit, zu behaupten, daß die Empfindung „salzig“, die mehrfach von ihren Versuchspersonen angegeben war, „wohl mit dem Laugenartigen anderer Beobachter identisch ist.“

Auf Grund mehrfacher Versuche, welche mit mehreren Laugen an vielen Personen angestellt worden sind, glaube ich, das Gegenteil der angeführten Behauptungen annehmen zu dürfen. Sicher beruht auch nicht einmal teilweise

---

[1]) A. Goldscheider u. H. Schmidt, Bemerkungen über den Geschmackssinn (Centralbl. f. Physiologie, IV. Bd., Nr. 1, 1890, pag. 12).

[2]) Öhrwall, Skandinav. Arch. f. Physiol., II. Bd., 1891, pag. 10.

[3]) Kiesow und Hahn (Ztschr. f. Psych. u. Physiol. d. Sinnesorgane, XXVII. Bd., 1902, pag. 91).

der Laugengeschmack auf Reizung des Geschmackssinnes. Unzweifelhaft sind in der Empfindung des Laugenhaften einzelne der sicher festgestellten Qualitäten nicht enthalten, aber auch nicht eine einzige reine Qualität.

Diese Frage wird natürlich nicht im mindesten von jener berührt, die mehrfach von mir behandelt worden ist, nämlich von folgender: Welche Alkalien schmecken süß, welche Laugen bitter?

Die Geschmäcke, die bei der elektrischen Reizung der Zunge wahrgenommen werden, werden von den Forschern in auffallendem Maße verschiedenartig empfunden, beschrieben und charakterisiert.

Wenn durch die Zunge ein elektrischer Strom geht, so hat man an der Stelle, an welcher der Strom eintritt, an der Anode, einen „säuerlichen" Geschmack.

Die Bezeichnung der Diminutivform „säuerlich" deutet schon darauf hin, daß der Geschmack weder intensiv noch unverkennbar deutlich sauer ist. Freilich hält Zwaardemaker[1]) den Geschmack für „deutlich sauer". Nagel ist sogar der Ansicht, daß „übereinstimmend von fast allen Autoren sauer" angegeben wird.

Jedenfalls ganz unbestimmt und überdies noch in höchst auffallender Weise wechselnd sind die Angaben über den Kathodengeschmack. Wie Volta[2]) angibt, ist der Geschmack an der Stelle, an welcher der Strom austritt, an der Kathode, „dem bitteren sich nähernd". Nagel[3]) freilich erklärt den Geschmack mitunter für „bitter".

Hermann und Laserstein nennen ihn nur „etwas

---

[1]) l. c., pag. 707.

[2]) Volta, Collezione dell'opera del cav. Conte Alessandro Volta patrizio comasco. II. parte, 1792. 1816.

[3]) l. c., pag. 631.

bitterlich". Jedenfalls aber ist die Angabe des Geschmacks seitens der verschiedenen Autoren ganz verschieden und höchst wechselnd.

Wird die Kathode auf die obere Fläche der Zungenspitze gelegt, so wird die Geschmacksempfindung bei stärkeren Strömen als „säuerlich" und „bitterlich" angegeben.

Wie unbestimmt also der Sinneseindruck sein muß, erhellt schon daraus, daß einmal die eine, dann aber auch noch eine zweite ganz differente Geschmacks-Qualität, und nicht einmal beide Qualitäten etwa zu gleicher Zeit, jedesmal konstant, immer regelmäßig, bei jedem neuen Versuche wiederkehrend, sondern einmal die eine, ein andermal die andere Qualität wahrgenommen wird, in keinem Falle aber mit unverkennbarer Sicherheit, sondern, wie wiederum die Wahl der Bezeichnung mit dem Diminutivum ergibt, in geringem Grade und nicht mit der erforderlichen unverkennbaren Deutlichkeit.

Im Gegensatz zum Kathodengeschmack soll dagegen die Empfindung, wenn die Anode auf die obere Fläche der Zungenspitze gelegt wird, auch bei schwachen Strömen wahrgenommen werden, diese wird als „säuerlich", „säuerlich-bitterlich" bezeichnet.

Wiederum werden also zwei verschiedene Qualitäten bei ein und derselben Reizung angenommen, wiederum sind es genau dieselben Qualitäten des Kathoden-Geschmacks, genau dieselben Qualitäten des Anoden-Geschmacks, so daß also hierin Kathoden- und Anoden-Geschmack überhaupt gar keinen Gegensatz bedeuten. Darauf kommt es doch aber gerade an, bei einer Methode, die bestimmt ist, die Empfindlichkeit des Sinnesorgans zu prüfen, daß bei wechselnder, möglichst entgegengesetzter

Reizung eine differente, möglichst entgegengesetzte Wirkung erzielt werde.

Überhaupt sind die Angaben der Versuchspersonen gerade bei der elektrischen Reizung dermaßen ungenau und bei oft wiederholt vorgenommener Untersuchung einander dermaßen widersprechend, daß man über den wirklichen Geschmackseindruck meist vollkommen im Unklaren bleiben muß. Einige meiner Versuchspersonen gaben den Geschmack am negativen Pol als „bitter“, andere als „salzig“ an. Es ist eben der Geschmack tatsächlich gar kein anderer, wie derjenige ist, den man hat, wenn man lediglich das Metall auf die Zunge setzt.

Genau dieselben Einwendungen lassen sich gegen die Verwertung der Ergebnisse bei der elektrischen Reizung vom Zungengrunde aus erheben.

Bei Anlegung der Kathode am Zungengrunde ist die Geschmacks-Empfindung nach Vintschgau[1])

bald nicht deutlich,
bald „säuerlich“,
bald „bitterlich“;

dagegen bei Anlegung der Anode an den Zungengrund wurde die Empfindung

bald als „säuerlich“,
bald als „bitterlich-säuerlich“

bezeichnet.

Erstens ist der Eindruck in keinem Falle ganz deutlich, wie dies die systematische Methodik unumgänglich erfordert.

Sodann sind wiederum Anodengeschmack und Kathodengeschmack gar nicht entgegengesetzt, sie sind vielmehr genau die nämlichen.

---

[1]) l. c. pag. 183.

Es ist nicht eine Qualität, die wahrgenommen wird, sondern zwei und zwar ganz differente Qualitäten.

Diese beiden Qualitäten sind in beiden Fällen sogar die nämlichen, so daß die Übereinstimmung sogar in doppelter Weise zutrifft.

Nach Ritter[1]) geht bei starker Wirkung des Stromes die eine am positiven Pole auftretende saure Geschmacks-Qualität „durch einen wahrhaft mittelsalzigen, am besten mit dem des Kochsalzes zu vergleichenden Geschmack — also eine zweite Qualität —, in einen bitteren brennend alkalischen" — also die dritte Qualität —, über.

Es sind also drei Qualitäten sogar: sauer, salzig und bitter, welche bei einer und derselben Reizung zur Wahrnehmung gelangen.

Nach Hofmann und Bunzel[2]) ist der Geschmack während der ganzen Schließungsdauer des Stromes, wenn man die Zungenelektrode zur Kathode macht „ein leise angedeuteter bitterer, der ungefähr dem bitterlichen Geschmack einer $^1/_{10}$ Normal-Kalilauge vergleichbar ist".

Nun ist aber gerade bei Untersuchungen des Geschmackssinnes die Bezeichnung des Eindrucks „leise angedeutet" sauer, süß, salzig, bitter, viel zu unbestimmt, um zwecks irgend welcher vergleichenden Messungen in irgend einer Weise berücksichtigt und verwertet werden zu können. Die Unbestimmtheit des Eindrucks tritt noch mehr hervor, da die Bezeichnung desselben erst mit dem Vergleich des Geschmackseindrucks eines anderen Schmeck-

---

[1]) Ritter, Neue Versuche und Bemerkungen über den Galvanismus (Zweiter Brief in Gilberts Annal. d. Physik, XIX. Bd., Halle, 1805, pag. 8).

[2]) Hofmann u. Bunzel, Untersuchungen über den elektrischen Geschmack (Pflügers Arch., LXVI. Bd., 1897, pag. 217).

stoffes näher präzisiert wird, dieser Vergleich selbst aber auch nicht einmal präzise und bestimmt, sondern „ungefähr“ ähnlich angegeben wird, der Geschmack der Kalilauge schließlich auch noch nicht als bitter sondern nur an bitter erinnernd („bitterlich“) gilt.

Vollends ist der wirklich objektive Geschmack jenes Schmeckstoffes selbst, der zum Vergleich herangezogen wird, gar nicht einmal ein bestimmter, jedenfalls nicht der bittere. Ja es fehlt nicht an Autoren, die gerade die diametral entgegengesetzte Geschmacks-Qualität, nämlich die süße, angeben.

Nach Zwaardemaker[1]) schmeckt verdünnte Kalilauge süß. Ebenso gibt Nagel[2]) an: „Auch Alkaligeschmack enthält unter Umständen eine Süßkomponente“. Die Umstände, unter welchen dieser süße Beigeschmack auftritt, gibt Nagel nicht an. Wiederholt weist Nagel außerdem noch auf den süßen Nachgeschmack hin: „der süße Nachgeschmack nach Kalilauge“. „Süßer Geschmack tritt am Zungengrunde auch als Nachgeschmack nach Alkalireizung auf“.

Freilich führt Nagel[2]) auch den diametral entgegengesetzten Geschmack desselben Schmeckstoffes an: „Reines Alkali erzeugt unter Umständen auch nur rein bitteren Geschmack“. Die Umstände, unter welchen der Schmeckstoff bitter schmeckt, gibt Nagel wiederum nicht an. Schließlich bemerkt Nagel[3]) nochmals: „Manche Alkalien, wie reine, stark verdünnte Kalilauge erzeugen auf der unbewegten Zunge wenigstens vorübergehend einen rein bitteren Geschmack“.

Norbert Brühl („Das Geschmacksorgan und die Geschmacksempfindungen, nebst neuen Untersuchungen

[1]) l. c. pag. 709.
[2]) l. c. pag. 633.
[3]) l. c. pag. 639.

über die Erregung verschiedener Geschmäcke durch den elektrischen Strom", [Natur und Offenbarung, 94. Bd., 1903, pag. 302]) beobachtete regelmäßig bei den Geschmacksprüfungen mit Ätzkalilösung den süßen Geschmack, wenn er nachher den Mund mit klarem Wasser ausspülte. Brühl kratzte die Zunge ab und trug den Schleim in die Ätzkali-Lösung ein und gibt an, tatsächlich in dieser Lösung Zucker nachgewiesen zu haben [1]).

Ätzkali-Lösung schmeckt nach Brühl [2]) bitter, nicht salzig.

Ätznatron-Lösung verursacht einen salzigen und bitteren Geschmack [3]).

Auf der unbewegten Zunge wurde von meinen Versuchspersonen kein Schmeckstoff geschmeckt.

Nagel schreibt demselben Schmeckstoff zwei Geschmäcke zu, süßen und bitteren, und zwar ist der Geschmack nicht etwa jedesmal derselbe, der süßbittere oder der bittersüße, sondern je nach den Umständen das eine Mal ein süßer, das andere Mal ein bitterer. Nimmt man nun noch mit Nagel an, daß es einen laugenhaften Geschmack gibt, dann bleibt kaum eine Qualität übrig, die jener Schmeckstoff nicht besäße.

Nach meinen Versuchen besitzt die Kalilauge überhaupt keinen Geschmack.

Aus den behandelten Tatsachen geht jedenfalls hervor, daß die Beschreibung des elektrischen Geschmackes nach Hofmann und Bunzel so wenig präzise ist, daß die Verwendung der elektrischen Reizung für die Geschmacksmessung nicht sehr geeignet erscheint.

---

[1]) Brühl, l. c. pag. 77.

[2]) Brühl, l. c. pag. 298, Anm. 1 u. 299.

[3]) Brühl, l. c. pag. 298.

Der Geschmack, der bei der Öffnung des Stromes entsteht, ist, wenn die Elektrode sich an der Zungenspitze befindet, nach Hofmann und Bunzel rasch vorübergehend, leicht säuerlich. Der Geschmack geht also einmal rasch vorüber, ist sodann an Intensität verhältnismäßig schwach und schließlich nicht einmal in deutlicher Weise sauer, sondern nur „säuerlich". Deutlich sauer soll der Kathoden-Öffnungsgeschmack sein.

Hofmann und Bunzel finden am Zungengrunde im Kathoden-Öffnungs-Geschmack eine deutliche Süßkomponente. Ebenso fand auch Öhrwall[1]) an der Kathode süßen und bitteren Geschmack.

Auf indirektem Wege will man im Kathoden-Schließungs-Geschmack auch eine bittere Komponente nachgewiesen haben.

Auch Brühl[2]) erhielt den süßen Geschmack:

„Wiederholt beobachtete ich auch, wenn die Austrittsstelle des Stromes (möglicherweise wegen der geringeren Erregungsstärke, die der Austrittsstelle gegenüber der Eintrittsstelle eigen ist) auf den vorderen Zungenrand fiel, einen süßen Geschmack. Allein die Bedingungen, unter denen der süße Geschmack auftrat, konnte ich nicht ermitteln und ihn nicht willkürlich hervorrufen; vielleicht wird es anderen gelingen."

Brühl ist der Ansicht, daß es möglicherweise die Entstehung von Zucker ist, welche diesen süßen Geschmack mitunter bedingt.

Ebenso erhielt er deutlich bitteren Geschmack:

„Tatsache ist, daß der elektrische Strom in jenen Teilen den bitteren Geschmack hervorruft, davon haben

---

[1]) Skandinav. Arch. f. Physiol., II. Bd., 1891, pag. 63.

[2]) Brühl, l. c. pag. 302.

mich eingehende Versuche an mir selbst[1]) und an anderen Personen überzeugt. Legt man die Endplatten der Stromzuführung auf die wallförmigen Wärzchen, so entsteht ganz klar und deutlich ein ziemlich stark bitterer Geschmack wie von Chinin, Wermut oder Enzian. Die Beschaffenheit der angewandten Platten, Zink, Silber, Platin änderte daran nichts. Ebenso wenig zeigte sich ein Unterschied für die Ein- und Austrittsstelle des Stromes."

Außer der sauren, der süßen und bitteren Qualität konnte nun auch noch die letzte, die salzige, erregt werden, wie Goldscheider[2]) in Gemeinschaft mit Schmidt und wie es Öhrwall[3]) gleichfalls angibt.

Auch erhielt Brühl[4]) an der Ein- und ebenso an der Austrittsstelle des elektrischen Stromes den salzigen Geschmack in schwächerer Intensität neben dem sauren in stärkerer Intensität. Deutlicher wird der salzige Geschmack nach Brühl[5]), wenn man die Endplatten längs den Zungenrändern hinführt. Dann tritt der salzige Geschmack auch bei schwächeren Strömen deutlich zu Tage und ist bei dem Versuche mit einem gestielten Zink-Silberplattenpaare (ohne Element) unzweideutig wahrnehmbar.

Nach Brühl steht es also fest, daß auch die Empfindung des Salzigen neben derjenigen des Sauren durch den elektrischen Strom gleichzeitig miterregt wird.

Allein Öhrwall hebt es besonders hervor, wie sehr kompliziert und zusammengesetzt die Empfindungen erscheinen und um wie viel schwieriger auch sie zu bezeichnen

---

[1]) Brühl, l. c. pag. 301.

[2]) A. Goldscheider und H. Schmidt, Bemerkungen über den Geschmackssinn (Zentralbl. f. Physiol., 1890, Nr. 1, pag. 10).

[3]) Öhrwall, l. c. pag. 63.

[4]) Brühl, l. c. pag. 299.

[5]) Brühl, l. c. pag. 300.

und zu analysieren sind. Er glaubt einen schwach süßen und bitteren Geschmack zu bemerken, konnte aber nie eine völlig deutliche und ausgeprägte Empfindung hiervon erhalten. Der negative Pol des konstanten Stromes erregt süßen und bitteren Geschmack zugleich.

Die elektrische Reizung von cirkumskripten Stellen ergab bei Versuchen von Michelson an der Anode „säuerlichen" Geschmack, an denselben Stellen erhielten Kiesow und Hahn[1]) bei derselben Versuchsanordnung „eigenartig bitterlichen", „bitterlich sauren", „säuerlich bitteren" Geschmack. An der Kathode erhielten Kiesow und Hahn „salzigen", „eigenartig salzigen Geschmack".

Die ungemeine Verschiedenheit und die außerordentliche Unsicherheit in allen diesen Angaben bei der elektrischen Reizung zeigen besser als alles andere, daß es sich hier nicht um unbedingt feststehende Tatsachen handelt.

Aus diesen Beobachtungen geht also zur Genüge hervor, daß die Verwendung der elektrischen Reizung zur systematischen Methodik höchst ungenau und daher kaum geeignet ist.

b) Die isolierte Erregung der Papillen.

Reizung durch adäquate Reize.

1. Reizung mit Schmeckstoffen von festem Aggregatzustande.

Versuche mit einzelnen Papillen stellte zuerst Camerer an[2]).

---

[1]) Kiesow-Hahn, Zeitschr. f. Psychol. u. Physiol. d. Sinnesorg., 1902, XXVII. Bd., pag. 91.

[2]) Camerer, Über die Abhängigkeit des Geschmackssinnes von der gereizten Stelle der Mundhöhle, Zeitschr. f. Biologie, VI. Bd., 1870, pag. 448, 449.

Um das Verhalten der keulenförmigen Papillen zu ihrer Umgebung zu prüfen, wählte er große Papillen und zwar nicht ganz an der Zungenspitze, wo sie zu dicht stehen. Mit dem kleinen Splitter eines Weinsäure- oder Chlornatrium-Kristalls wurde der rote Teil der Papille berührt, und von der Versuchsperson sogleich das Urteil durch Zeichen abgegeben.

Öhrwall[1]) untersuchte dann die isolierte Erregung der Papillen zuerst dadurch, daß er jede einzeln mit schmeckbaren Substanzen in fester Form berührte, nämlich mit Kristallen, welche zu feinen Spitzen geformt wurden, von Weinsäure, Karamel und mit trockenem Quassia-Extrakt.

Allein bald fand er diese Methode, die Schmeckstoffe in fester Form anzuwenden, unzweckmäßig. Die Weinsäure bewirkte oft eine brennende Empfindung, und auch mit den anderen Substanzen wurden die Resultate unsicher und wechselnd, so daß er zur Anwendung von Lösungen überging.

Zwaardemaker[2]) geht von der Ansicht aus, daß bei der regionären Abgrenzung zunächst eine wirklich punktförmige Reizung gar nicht erforderlich ist, und vor allem nur eine allzu große Ausbreitung der Flüssigkeit auf die Umgebung verhütet werden muß.

Zu diesem Zwecke verwendet er einige vom Apotheker angefertigte, zugespitzte Stifte aus Kandelzucker, Weinsäure, Steinsalz und Gentianextrakt, die er in einem Crayonhalter befestigt. Allein mit diesen in Form von Schieberfedern gefaßten Stäbchen der Schmeckstoffe lassen sich die hinteren Teile der Zunge nicht erreichen.

---

[1]) Hjalmar Öhrwall, Untersuchungen über den Geschmackssinn, Skandin. Archiv, II. Bd., 1891, pag. 42, 43.

[2]) H. Zwaardemaker, Geschmack, Ergebnis d. Physiologie, 1903, II. Jahrg., II. Abteil., Asher-Spiro pag. 713.

Daher vertauscht er die Stifte mit einem schwach gebogenen Glasrohre, das er mit einer halbflüssigen ca. 2 % Gelatinegallerte füllt. Bei stärkerer Konzentration der Schmeckstoffe soll der Gelatinezusatz etwas mehr betragen als bei geringerer Konzentration, besonders gilt dies für Kochsalz. Dieser Gallerte mischt er die Schmeckstoffe bei und schiebt nun durch irgend eine Stempelvorrichtung einen Tropfen der Gallerte vor. Die Schmeckstoffe werden ziemlich konzentriert gewählt, weil die Gelatine ebenso wie das Gummi arabicum die Intensität der Geschmackswirkung bedeutend verringert. Dies beruht nach seiner Ansicht gewiß nicht auf langsamer Diffusion, die in Gelatinelösungen unverändert bleibt, sondern soll mit dem Verteilungskoeffizienten zusammenhängen. Zweckmäßig sind Zucker 40 %, NaCl 20 %, Salzsäure 2 %, salzsaures Chinin 0,2 % zu verwenden. Weinsäure wird nicht verwendet, weil die Gelatine bei 4 % koaguliert. Um Pilzentwicklung zu verhüten, wird zudem noch ein Zusatz von ungefähr 1 ‰ Formaldehyd gemacht.

Auch die Hinterfläche der Epiglottis hat Zwaardemaker in dieser Weise ohne Schwierigkeit geprüft, ebenso den Rhinopharynx. Dabei wählt er die Gallerte in diesen Fällen etwas weniger flüssig.

Auch Quix appliziert feste Schmeckstoffe zur papillären Reizung, und zwar wählt er zur Hervorbringung des intensivesten Reizes für die qualitative Prüfung den Schmeckstoff in reiner Kristallform; zu diesem Zwecke nimmt er am Ende gekrümmte Stäbchen. Als Schmeckstoff verwendet er Stäbchen von Kandiszucker, Acid. tartaric., Klippensalz und komprimiert. Chinin. muriat. Vor dem Gebrauch werden die Stäbchen etwas angefeuchtet.

2. Reizung mit Schmeckstoffen von flüssigem Aggregatzustande.

Um das Überfließen der Lösung (gesättigte ClNa-Lösung, Lösung von basisch schwefelsaurem Chinin, 1,5 : 300 ccm, Rohrzucker 3,7 : 10 ccm und englische H_2SO_4 0,5 : 10 ccm) des Geschmacksstoffes von der untersuchten Stelle auf die Umgebung zu verhüten, verfuhr Camerer[1]) folgendermaßen: Eine Glasröhre von 3 cm Länge und beinahe 7 mm Durchmesser im Lichten wurde mit dem einen, glatt abgeschnittenen Ende auf die betreffende Stelle der Zunge gestellt; in diese Röhre wurde mit einer kleinen Glasspritze die zu prüfende Flüssigkeit eingespritzt, so daß sie etwa 5 mm hoch in der Röhre, auf der gewünschten Stelle der Zunge stand.

Dieses Kapillarröhrchen stellte er so auf die Zunge, daß nur eine einzige Papille von ihr umgeben war. Brachte er sodann in die Röhre eine Kochsalzlösung von $^1/_{410}$ Verdünnung, so erhielt er bloß 51 % richtiger Fälle. Waren aber 2 Papillen unter der Glasröhre, so ergaben sich 63 %; bei 3 Papillen 76 %; bei 4 Papillen 84 % richtiger Fälle, d. h. solche, in welchen das Salz wirklich geschmeckt und nicht mit Wasser verwechselt, oder das Urteil unentschieden gelassen wurde.

In derselben Weise verwandte Camerer[2]) eine 4 cm lange Glasröhre, die an einem Ende einen Durchmesser von etwas über 1 cm hatte; der Querschnitt des anderen Endes hatte die Form einer Ellipse, deren große Achse 2 mm lang war. Das elliptische Ende wurde so auf die Zunge

---

[1]) Camerer, Über die Abhängigkeit des Geschmackssinns von der gereizten Stelle der Mundhöhle. Zeitschr. f. Biologie, 1870, VI. Bd., pag. 441.

[2]) Zeitschr. f. Biologie, 1870, VI. Bd., pag. 449.

gesetzt, daß eine einzige große Papille innerhalb der Röhre war; eine in das weitere Ende der Röhre eingegossene Flüssigkeit kam also allein mit dieser Papille in Berührung.

Kiesow[1]) applizierte den Geschmacksreiz mittels eines Tropfrohres, welches 1 ccm Flüssigkeit faßte und nach Zehnteilen von Kubikzentimetern eingeteilt war. Die verwandten Geschmacksstoffe waren Kochsalz, Rohrzucker, Salzsäure und Quassiin. Von den konzentrierten Lösungen fertigte Kiesow sich die jeweils zu verwendenden „Derivate“, wie er seine Lösungen nennt, selber. Kiesow hebt hervor, daß er „die einzelnen Zuckerlösungen vor jeder Versuchsreihe mit der sogenannten Fehlingschen Lösung geprüft hat.“

Nach Camerer verwandte auch Öhrwall[2]) Kapillarröhrchen von Glas, die er auf die Papillen anbrachte. Er nahm Lösungen von Zucker, Strychnin u. a. Allein Öhrwall fand bald große Schwierigkeiten, die Menge der Flüssigkeit zu regulieren, die bei jedem Versuch aus der Röhre floß.

Goldscheider und Schmidt[3]) übten die isolierte Erregung der pilzförmigen Papillen mittels gespitzter Hölzchen aus, welche sie in die Schmeckflüssigkeit tauchten. Es tritt bei isolierter Reizung eine sehr zusammengesetzte Empfindung ein, indem zunächst die Berührung des Pinsels, dann die Kälteempfindung und darauf die Geschmackssensation eintritt.

Michelson[4]) nimmt die punktförmige Reizmethode

[1]) Friedrich Kiesow, Beiträge zur physiologischen Psychologie des Geschmackssinnes, Wundt, Philosoph. Studien, 1896, XII, pag. 258 und XII, pag. 466: Über die Wirkung von Temperaturen auf Geschmacksempfindungen.

[2]) Öhrwall, 1891, l. c. pag. 43.

[3]) A. Goldscheider und H. Schmidt, Bemerkungen über den Geschmackssinn. 1890, Zentralbl. f. Physiol., Nr. 1, pag. 10.

[4]) P. Michelson, Über das Vorhandensein von Geschmacksempfindung im Kehlkopf, 1891, Virchows Archiv, Bd. 123, pag. 396.

folgendermaßen vor. Er taucht die Spitze einer in geeigneter Weise gebogenen Schroetterschen Kehlkopfsonde in Ausdehnung von 2—3 mm in eine konzentrierte Chinin- oder konzentrierte Saccharin-Lösung. Die genauere Zusammensetzung dieser Lösungen war: Chinin. muriat. 0,2, Spirit., Aq. dest. $\widehat{aa}$ 0,5, bezw. Saccharin 0,05, Spirit., Aq. dest. $\widehat{aa}$ 0,5. Um die Haltbarkeit zu erhöhen, hatte er beiden Solutionen ein minimales, nicht mehr wägbares Quantum von Salizylsäure hinzugesetzt, außerdem aber noch je 2 Tropfen Mucilago Gummi arabici. Durch letzteren Zusatz sollte die Konsistenz der Flüssigkeiten erhöht und so dem Abträufeln von der Sonde und einem vorschnellen Auseinanderfließen an der Versuchsstelle vorgebeugt werden. Bei Zimmertemperatur fällt aus Lösungen von der angegebenen Stärke Chinin bezw. Saccharin aus, doch klären sich die Flüssigkeiten schnell, nachdem sie über der Spirituslampe ein wenig angewärmt sind. Ihr Geschmack an der Zungenspitze wurde intensiv bitter, bezw. deutlich süß empfunden.

Die in angegebener Art mit den schmeckbaren Stoffen beladene Sonde führte er unter Leitung des Kehlkopfspiegels, ohne irgend einen Teil der Mundrachenhöhle zu streifen, in den Larynx ein, und berührte so den oberen Teil der Innenfläche des Kehldeckels mit der Sondenspitze, das Instrument wurde dann mit der gleichen Vorsicht schnell wieder zurückgezogen.

Dieselbe Methode benutzten auch Kiesow und Hahn zur Wiederholung derselben Versuche, welche zu demselben Ergebnisse führten.

Kiesow und Hahn[1]) benutzten wie Michelson eine

---

[1]) Kiesow und Hahn, Über Geschmacksempfindungen im Kehlkopf. Zeitschrift f. Psychologie und Physiologie der Sinnesorgane, 1902, XXVII. Bd., pag. 85.

passend gebogene Schroettersche Kehlkopfsonde, deren vorderstes Ende mit ein wenig Watte fest umhüllt war. Diese wurde mit der Schmeckflüssigkeit getränkt, die bei einigen Kontrollversuchen noch mit ein wenig Methylenblau gefärbt war. Die verwandten Schmeckstoffe waren wässerige Lösungen von Rohrzucker ca. 40%, Kochsalz ca. 10%, Salzsäure ca. 0,4%, Schwefelsäure ca. 0,2% und Quassiin konzentriert. Die Sonde wurde dann unter Leitung des Keklkopfspiegels und unter Benutzung eines Reflektors in die Mundhöhle eingeführt. Nachdem die zu untersuchende Stelle einmal damit bestrichen war, wurde die Sonde schnell wieder herausgezogen. Die Versuchsperson hatte mit der Hand oder dem Fuß ein verabredetes Zeichen zu geben, wenn bei der Berührung mit der Sonde eine Geschmackssensation erfolgte, und den Vorgang später zu beschreiben. Tränkten sie auf diese Weise die Sondenspitze vorsichtig mit der Schmecksubstanz, so war ein Abtröpfeln derselben ausgeschlossen. Mit einer Geschmackslösung wurde eine Versuchsreihe, die sich oft auf viele Tage erstreckte, nie abgeschlossen, bevor sie zu absolut überzeugenden Resultaten geführt hatte.

In größerem Umfange hat die ersten exakten lokalisierten Untersuchungen Öhrwall angestellt. Er hat als erster die Geschmackspapillen der Zunge isoliert gereizt. Da die Papillae circumvallatae und foliatae aus technischen Gründen der Untersuchung unüberwindliche Schwierigkeiten entgegensetzen, so beschränkt sich Öhrwall zunächst auf die Prüfung der pilzförmigen Papillen.

Die beste Methode der lokalen Reizung ist nach Öhrwall[1]) folgende: die Lösungen werden mit Hilfe von

---

[1]) Hjalmar Öhrwall (Skandinav. Archiv f. Physiologie, II. Bd., 1891, pag. 43, 44): Untersuchungen über den Geschmackssinn."

Pinseln von 2 cm Länge und 5 mm Dicke angebracht, deren alleräußerste Spitze so abgeschnitten wurde, daß sie (angefeuchtet und zugespitzt) mit einer abgestutzten Fläche endete, die etwas kleiner als die kleinsten pilzförmigen Papillen war.

Ehe er auf die Papille, deren Geschmackssinn er untersuchen wollte, die Lösung brachte, trocknete er die Zunge gut ab, indem er ein ganz reines, baumwollenes oder leinenes Tuch gegen dieselbe drückte. Andernfalls verbreitete sich die schmeckbare Substanz durch Diffusion in das Flüssigkeitslager, welches die Oberfläche der Zunge normal bedeckt, und konnte dadurch auf andere, naheliegende Papillen einwirken. Andererseits durfte er auch nicht durch zu langes Säumen mit dem Anbringen der Lösung die Zunge zu sehr durch Abdunstung trocknen lassen, denn hierdurch wurde die Empfindlichkeit der Papillen bedeutend verringert. Durch eine leichte Berührung mit dem zugespitzten Pinsel konnte er eine einzige Papille mit der schmeckbaren Lösung anfeuchten, ohne daß die Umgebung davon berührt wurde.

Er suchte die Qualität der Empfindung zu bestimmen und gleich aufzuzeichnen, ehe er die Zunge zurückziehen ließ. Nach jedem Versuche ließ er den Mund mit Wasser ausspülen und wartete eine Weile, 2—3 Minuten, ehe er einen neuen Versuch machte, um sicher zu sein, daß dieser neue Versuch nicht durch Nachwirkungen des alten getrübt wurde.

Öhrwall fand so, daß Geschmacksempfindungen im allgemeinen durch Erregung einer einzigen solchen Papille ausgelöst werden können, und daß die Qualität der dabei entstehenden Sensation unzweideutig ist.

Er verwandte zu diesen Prüfungen Lösungen von

salzsaurem Strychnin 0,05%, Kochsalz 20%, Zucker 10% und Salzsäure 0,4%.

Die Lösungen wurden mittels vier, dem Ansehen nach ganz gleicher Pinsel angebracht, diese wurden ihm ohne vorher bestimmte Reihenfolge von einer anderen Person gereicht.

Die verschiedenen Versuche wurden mit derselben Substanz auf derselben Papille niemals unmittelbar hinter einander, sondern in den meisten Fällen sogar an verschiedenen Tagen ausgeführt.

Es wurden alle Papillen innerhalb einer oder ein paar Gruppen mit z. B. Chininlösung, mit einer Pause von einigen Minuten zwischen jedem Versuche, untersucht. Darnach wurden dieselben Papillen auf dieselbe Weise mit z. B. Zuckerlösung untersucht. Die Versuchspersonen hatten anfangs keine Kenntnis, welcher Art die schmeckbare Substanz war, hingegen bei den späteren Versuchen stets.

Er wählte Lösungen, die möglichst intensiven Geschmack hatten, doch so, daß sie nicht auf die Gefühlsnerven einwirkten, d. h. als stechend, brennend, herb usw. empfunden wurden. Das Strychninsalz vertauschte er darum bald gegen Chininsalze, welche auch in mehr konzentrierten Lösungen nicht so leicht Gefühlsempfindungen verursachen, nämlich zuerst gegen bromwasserstoffsaures, dann gegen salzsaures Chinin in 2prozentiger Lösung. Der Prozentgehalt der Zuckerlösung wurde bis 40 gesteigert; eine Lösung von 60% schien keinen stärkeren Geschmack als diese zu haben. Weinsäure wurde in Lösungen von 5, 4 und 2% angewandt. Bei einigen Versuchsserien wandte er eine Mischung von Zucker und Chinin an. Diese Lösung enthielt 40% Zucker und 2% salzsaures Chinin, ebenso wurde gesättigte NaCl-Lösung angewandt.

So prüfte Öhrwall die Papillen, die auf die genannten Substanzen in Lösungen von einem gewissen Konzentrationsgrade reagieren. Um nun auch noch zu prüfen, ob noch stärkere Lösungen oder Substanzen mit noch stärkerem Geschmack eine Reaktion bei den Papillen, die auf die nun angewandten nicht reagierten, wohl hervorrufen könnten, verwandte Öhrwall andere Lösungen.

Die Papillen, die auf 2—5% Weinsäurelösung nicht reagierten, wurden mit einer 10prozentigen gereizt, der Versuch blieb ohne Erfolg.

Ferner wurde eine gesättigte Lösung von salzsaurem Chinin, etwa 3%, verwandt, sodann gesättigte Saccharinlösung (ungefähr 1 : 230), welche süßer als 40prozentige Zuckerlösung scheint, wenn die beiden durch Überpinseln der ganzen Zungenspitze verglichen werden.

Diese Kontrollversuche blieben ohne Erfolg.

Zufolge der Mannigfaltigkeit der Funktionen bei den pilzförmigen Papillen ist die Empfindung, die bei deren Erregung entsteht, oft sehr zusammengesetzter Natur.

Wenn eine einzige Papille auf die oben beschriebene Weise untersucht wurde, wurde im ersten Augenblicke die Berührung des Pinsels und beinahe gleichzeitig oder etwas später eine Kälteempfindung, ähnlich der, welche bei Reizung eines Kältepunktes auf der Haut entsteht, wahrgenommen. Darauf trat die Geschmackssensation ein, stieg bis zu einer gewissen Höhe, sank etwas langsamer und verschwand nach einigen Sekunden. Der bittere Geschmack trat im allgemeinen später ein, dauerte dann länger als der süße und der saure. Bei Anwendung einer Mischung von Zucker und Chinin trat gewöhnlich der süße Geschmack eher auf als der bittere.

Die wenigen und zerstreut liegenden pilzförmigen Papillen, welche sich auf der Mittelpartie der oberen Fläche der Zunge befinden, entbehrten vollständig des Geschmacksvermögens: sie reagierten auf keine der angewandten Lösungen, nicht einmal auf 10prozentige Weinsäure. Dieser ganzen großen Partie der Zunge fehlt es also an Geschmacksvermögen. Auch wenn sie ganz und gar mit 2prozentiger Chininlösung, 5prozentiger Weinsäurelösung usw. überpinselt wurde, entstand kein Geschmack, ehe die Flüssigkeit sich nach anderen Teilen der Zunge, sei es der Basis, der Spitze oder den Seitenrändern verbreitet hatte, worauf diese starken Lösungen eine um so deutlichere Wirkung hervorriefen.

Daß die schmeckbare Substanz sich nicht besonders schnell verbreitet, konnte er direkt beobachten. Bei Anwendung der dicken und zähen 40prozentigen Zuckerlösung (mit oder ohne Chinin) beobachtete er, daß die applizierte Flüssigkeit wie ein Tautropfen auf der Papille steht, ohne sich scheinbar zu vermindern oder zu verändern, auch nicht im Laufe einer Minute. Er war daher anfangs darauf bedacht, durch Zusatz passender indifferenter Substanzen (Gummi usw.) alle Lösungen zähe zu machen, um deren Umherfließen zu verhindern, unterließ es aber, weil es sich als unnötig erwies. Auch die anderen Lösungen fließen nämlich nicht umher, wenn man darauf Acht gibt, daß man nicht mehr von der Flüssigkeit anbringt, als die äußerst unbedeutende Quantität, die erforderlich ist, die obere Fläche der Papille anzufeuchten. Dies ist von besonderer Wichtigkeit bei Papillen, welche ausnahmsweise nebst anderen in gewissen Ritzen und Furchen stehen, die auf der Zungenspitze vorkommen; eine etwas größere Menge Flüssigkeit, die in eine solche Furche hineinkommt, kann durch die Kapillarkraft augenblicklich nach anderen Papillen verbreitet werden, die es möglicherweise in derselben Furche gibt. Es ist natürlich denkbar, daß die schmeckbare Substanz trotz allem durch Diffusion allmählich sich von den Papillen verbreitet, weil ja die Zunge nicht ganz ausgetrocknet werden soll, auch nicht einmal kann; daß tatsächlich eine solche Diffusion stattfindet, will er auch nicht in Abrede stellen. Sie geschieht aber jedenfalls zu langsam und ist zu unbedeutend, als daß sie bei diesen Versuchen eine praktische Bedeutung haben könnte. Durch besondere Kontrollversuche konnte er sich davon überzeugen.

Die Versuchsanordnung von Öhrwall bedeutet teilweise ein wissentliches, teilweise ein unwissentliches Verfahren.

Diese Versuche von Öhrwall sind von Kiesow[1]) wiederholt worden, derselbe beschränkt sich auf das völlig unwissentliche Verfahren.

Die Technik war dieselbe. Auch er benutzte einen Hohlspiegel, und die Schmeckstoffe wurden von der Versuchsperson selbst mittels Pinsels aufgetragen. Diese Pinsel waren Malpinsel feiner Sorte, am Ende ein wenig zugestutzt, sie waren ca. 8 mm lang und besaßen angefeuchtet eine mittlere Dicke von 0,1 mm Durchmesser. Die Schmeckstoffe wurden in Bechergläschen hinter einem Schirm vor den Augen der Versuchsperson verborgen gehalten. Der vor dem Spiegel sitzenden Versuchsperson wurde der in eine der Schmeckflüssigkeiten getauchte Pinsel gereicht, und die Papille angewiesen, welche gereizt werden sollte. Die Schmeckstoffe hatten Zimmertemperatur, es waren nahezu gesättigte Lösungen von Kochsalz, Rohrzucker,

---

[1]) Kiesow, Schmeckversuche an einzelnen Papillen. Wundt, Philosophische Studien 1898, XIV, pag. 596.

schwefelsaurem Chinin und 0,2 % Salzsäure. Niemals wurde eine und dieselbe Papille mehrmals unmittelbar nach einander gereizt. Vielmehr wechselte Kiesow in einer Serie fortwährend mit den einzelnen Papillen einer Gruppe, doch so, daß er bei jeder neuen Serie eine neue Reizordnung wählte, um die Versuchsperson an keine bestimmte Reihenfolge zu gewöhnen. Nach jedem Einzelversuch ließ er mit Brunnenwasser den Mund spülen, um den hervorgerufenen Eindruck möglichst schnell gänzlich zu beseitigen, und außerdem ließ er bis zum folgenden Versuch eine Erholungspause von 2—3 Minuten eintreten. Nach jeder Serie wurde überdies eine Pause von mindestens 5 Minuten gemacht. Ebenso wie mit der Reihenfolge der Papillen gewechselt wurde, geschah dies auch fortwährend mit derjenigen der Schmeckstoffe. Doch wurde die Chininlösung erst am Ende einer Serie gewählt, weil der bittere Geschmack die längste Nachwirkung hatte. Wenn dennoch die Chininlösung zu Anfang oder innerhalb einer Serie gereicht wurde, so wurden die Versuche sofort durch die größere Pause unterbrochen. Somit war das Verfahren von Kiesow ein völlig unwissentliches.

3. Reizung mit Schmeckstoffen von gasförmigem Aggregatzustande.

Die lokalisierte Reizung mit gasförmigen Reizmitteln ist in methodischer Weise bisher nicht ausgeübt worden.

Reizung durch inadäquate Reize.

4. Elektrische Reizung.

Außer der Prüfung mit den adäquaten Reizmitteln wurde zur papillären Untersuchung auch die elektrische Reizung angewandt.

Goldscheider und Schmidt[1]) untersuchten mittels fein gespitzter metallischer Elektroden, oder auch dermaßen, daß sie einen Stecknadelknopf als Elektrode benutzten. Letzteres Verfahren bewährte sich am besten, während bei ersterem die Stromdichtigkeit zu groß zu sein schien. Die elektrische papilläre Geschmackssensation hatte im allgemeinen am meisten Ähnlichkeit mit derjenigen, welche erfolgt, wenn man die Papillen mit einer Mischung verschiedenartiger Geschmacksreize erregt, ja sie war ihr bei vergleichenden Prüfungen zum Verwechseln ähnlich. Zuweilen aber traten auf gewissen Papillen einzelne Geschmacks-Qualitäten dabei besonders hervor, und dann zeigte sich die betreffende Papille bei der folgenden Prüfung mit adäquaten Reizen stets gleichfalls für diese besonders empfindlich. Süße Empfindung konnte am besten an den Gaumenpapillen erzeugt werden. Wie Öhrwall angibt, wurde die Vergleichung dadurch gestört, daß der Strom gleichzeitig Gefühlserregungen veranlaßte; ferner bekam die Empfindung bei chemischer Reizung insofern einen anderen Charakter, als sie nicht so blitzähnlich verlief, und als die einzelnen Qualitäten bei Mischgeschmäcken mehr nach einander auftraten. Die Geschmacksreize mußten für die Vergleichung mit der elektrischen Empfindung in sehr konzentrierter Form angewendet werden. Die Autoren benutzten den konstanten Strom und gewannen wie Öhrwall die reinste Geschmacksempfindung an der Anode, während an der Kathode die Erregung der Gefühlsnerven, wie stechende brennende Empfindungen vorwalteten.

---

[1]) A. Goldscheider und H. Schmidt, Bemerkungen über den Geschmackssinn (1885). Centralbl. für Physiologie, 1890, Nr. 1, pag. 11.

Michelson[1]) benutzte die elektrische Reizung, um zu erforschen, ob die Innenfläche des Kehldeckels in der Tat zu den geschmacksempfänglichen Körperstellen gehört. Die Versuchsperson legte eine Hand auf eine angefeuchtete, mit dem einen Pol der Batterie verbundene große zungenförmige Hirschmannsche Elektrode auf, während eine mit dem anderen Pole der Batterie in leitender Verbindung stehende Kehlkopf-Elektrode (dieselbe endigte vorne mit einem kleinen Messingknopf, war aber ihrer ganzen übrigen Länge nach isoliert) in den Larynx eingebracht, und mit derselben eine kurz dauernde Berührung der Kehldeckelinnenfläche ausgeführt wurde. Es kam nun, wenn die Kehlkopfelektrode als Anode eines zwei Daniellsche Elemente enthaltenden Stromkreises fungierte, ein säuerlicher, fungierte sie als Kathode, ein schwach laugenartiger Geschmack zustande. Die Exaktheit der Angaben wurde durch das ohne Wissen der Versuchsperson bewirkte Umschalten oder Öffnen des Stromes kontrolliert.

Dieselben Versuche von Michelson wurden mittels derselben Methode der elektrischen isolierten Reizung von Kiesow und Hahn[2]) nochmals ausgeführt, dieselben führten zu demselben Ergebnis.

Die Reizung war eine unipolare. Wie Michelson benutzten sie eine bis zur äußersten Spitze isolierte Sonde als Elektrode. Der andere Pol wurde mit einer breiten Metallmanschette verbunden, die dem einen Unterarm der Versuchsperson umgelegt wurde. Als Stromquelle dienten drei kleinere Daniellelemente. Durch Umschaltung des

---

[1]) P. Michelson, Virchows Archiv 1891, Bd. 123, pag. 398.

[2]) F. Kiesow u. R. Hahn, Über Geschmacksempfindungen im Kehlkopf. Ztschr. f. Psych. u. Physiol. d. S. 1902, XXVII. Bd., pag. 90.

Stromes mittels einer Pohlschen Wippe konnte die Sondenspitze das eine Mal als Anode und ein anderes Mal als Kathode fungieren. Dieses Umschalten des Stromes geschah stets ohne Wissen der Versuchspersonen, wie überhaupt das Versuchsverfahren überall und stets ein unwissentliches war.

Nach Versuchen von Öhrwall[1]) bewirkten die schwachen Induktionsströme auf den meisten Papillen sehr zusammengesetzte Empfindungen. Im allgemeinen war der saure Geschmack der am meisten hervortretende. Allein bei Anwendung schwacher Induktionsströme wurde auch nicht einmal der saure Geschmack wahrgenommen. Öhrwall selber gibt an: „Auf einigen der Papillen glaubte ich einen schwach süßen und bitteren Geschmack zu bemerken, konnte aber nie eine völlig deutliche und ausgeprägte Empfindung hiervon erhalten."

Der konstante Strom erweckte beim positiven Pol beinahe auf allen säureschmeckenden Papillen sauren Geschmack. Der negative Pol erregte vorzugsweise süßen und bitteren Geschmack. Die Empfindung dauerte nicht nur, während der Strom geschlossen war, sondern verblieb noch eine Weile, nachdem der Pinsel entfernt war.

Jedenfalls sind auch nach Öhrwall die Sensationen, welche bei elektrischer Reizung der einzelnen Papillen erweckt werden, sehr komplizierte, mannigfach zusammengesetzte und daher schwer zu analysieren und zu charakterisieren. Vor allem ist es schwer, ausfindig zu machen, ob und in welchem Grade verschiedene Geschmacksempfindungen mit denselben verbunden sind.

---

[1]) Öhrwall, 1891, l. c. pag. 63.

B. Die quantitative Saporimetrie.

Die quantitative Methode für die Geschmacksmessung verfolgt zwei Ziele. Einmal mißt die quantitative Gustometrie die Empfindlichkeit des subjektiven Geschmacks für die adäquaten und inadäquaten Reize, unter physiologischen und pathologischen Bedingungen, also den Geschmack des Subjektes. Zugleich kann die quantitative Methode dieser Saporimetrie auch für physiologische Zwecke verwandt werden, um überhaupt einmal vergleichende Messungen über den objektiven Geschmack, nämlich über die Reizwirkungen der verschiedenen Schmeckstoffe, also den Geschmack des Objektes, zu ermöglichen.

Dasjenige, was gerade den charakteristischen, prinzipiellen Unterschied zwischen dem chemischen Sinn, Geschmack und Geruch, einerseits und anderseits den physikalischen Sinnen bedingt, ist das quantitative Moment. Die spezifischen Reize der physikalischen Sinne, also die objektiven Ursachen der Farben- und Ton-Empfindungen sind mathematisch, quantitativ vergleichbar, sie bilden eine Skala und stehen in gesetzmäßigen Beziehungen zu einander, welche sich exakt, mathematisch, durch Zahlen ausdrücken lassen. Der Unterschied der Töne und Farben ist bloß ein quantitativer, selbst die Harmonie und die Dissonanz lassen sich durch Zahlenverhältnisse ausdrücken, die konsonierenden durch einfache, die dissonierenden durch komplizierte. Die Reizmittel des Geschmackes hingegen bilden keine Skala, sie unterscheiden sich ebenso wie die des Geruchs nur qualitativ von einander und lassen sich überhaupt gar nicht in irgend eine Relation, nun gar noch in eine genaue ziffernmäßige bringen, so daß die Geschmäcke ganz verschiedenen Tonmelodien gleichen, zwischen denen wir ja auch keine quantitative Vergleichung vornehmen können und nur qualitative Differenzen finden, und bei denen ebenso eine Mannigfaltigkeit möglich ist.

Um so wichtiger und notwendiger ist daher die vergleichende quantitative Messung der Intensität der einzelnen Qualität für sich.

Exakte gustometrische Untersuchungen an Gesunden und an Kranken sind bisher gar nicht vorgenommen worden. Der Grund dürfte in dem Mangel einer exakten und praktischen Methode gelegen sein. So kommt es, daß eine Norm der Geschmacksschärfe noch gar nicht einmal festgestellt worden ist. Mit Recht hebt Nagel[1]) hervor, daß die Beobachtungen an pathologischen Fällen bis jetzt nur eine geringe Genauigkeit erreichen, so daß größere Untersuchungsreihen an zahlreichen gesunden Personen, und die Ausbildung einer gustometrischen Methodik sehr zu wünschen wären.

An eine exakte Methode muß man die Anforderung stellen, daß sie erlaubt, den Reiz zu dosieren. Man muß mit dem schwächsten Reiz anfangen und zu dem stärkeren übergehen können und zwar nach Willkür, allmählich, in konstanter, genau kontrollierbarer Progression, welche exakt, zahlenmäßig zu registrieren ist.

Wiederum sind die Schmeckstoffe in festem und in flüssigem Aggregatzustand zu quantitativen Bestimmungen verwandt worden.

Bei Anwendung von festen Schmeckstoffen läßt sich der Reiz äußerst schwer dosieren, und die Intensität der Erregung kaum bestimmen.

---

[1]) Nagel, Der Geschmackssinn. Handbuch d. Physiologie des Menschen, 1904, pag. 637.

Reizung durch adäquate Reize.

1. Reizung mit Schmeckstoffen von festem Aggregatzustande.

Zwaardemaker[1]) versucht folgendermaßen, die Geschmacksreize zu dosieren.

Aus Hollundermark geschnittene Keile tränkt er mit den Lösungen der Schmeckstoffe. Militär-Apotheker van der Pluym hat diese Methode weiter ausgearbeitet und für jeden Keil eine zweckmäßige Lösung dargestellt: NaCl 1 : 10, Weinsteinsäure 1 : 10, Saccharin 1 : 1000, Chininsulfat 1 : 1000. Mit Hilfe der Luftpumpe werden die Hollundermark-Stäbchen Tage hindurch durchtränkt, dann in Keilform geschnitten und mit einem geschmacklosen Keil zu einem Parallelopipedum vereinigt. Von diesen Parallelopipedis werden mit einem kleinen Messer kleine Scheibchen geschnitten. Dieselben werden alsdann der zu untersuchenden Person in den Mund gegeben. Statt Hollundermark verwendet Zwaardemaker später noch Gelatine, welcher er etwa 1 ‰ Formaldehyd zufügt, um die Pilzentwicklung zu verhüten. Die Stelle nun, wo die Versuchsperson zu allererst die Geschmacksempfindung angibt, bestimmt das Maß der Schmeckschärfe.

Doch eignet sich diese Methode von Zwaardemaker gar nicht für lokalisierte quantitative Reizung.

Weiter verfolgt hat diese Methode Quix.

---

[1]) H. Zwaardemaker, Über eine neue Methode zur Prüfung des Geschmackssinnes und deren Bedeutung für die Spezialität, Ned. Otolaryng. Ver., Niederländische Ges. für Hals-, Nasen- und Ohrenkranke, V. Jahresvers., 23. 5. 1897 in Amsterdam. „Over eene nieuwe methode ter bestuedeering van den smaakzin en haar beteekenis voorde specialiteit.“ Moore's Revue hebdomadaire de laryngol., d'otolog. et de rhinolog. Tome XVII volume 11, MDCCCXCVII, pag. 1377.

F. H. Quix[1]) stellt folgende drei Anforderungen an eine gute Methode der Gustometrie:

1. Es muß die Möglichkeit gegeben sein, die Reizung genau zu lokalisieren.
2. Es muß die Möglichkeit gegeben sein, die Intensität derselben nach Belieben seitens des Untersuchenden zu verändern.
3. Die Methode muß auch vom Kliniker leicht anwendbar sein.

Quix glaubt, diesen Anforderungen durch seine Methode zu genügen. Er bedient sich einer „Test-Solution", welche aus einer Gelatinelösung von 1—2 %, je nach der Temperatur, besteht und welche ein recht geeignetes Excipiens bildet. Darin wird nun das Reizmittel in willkürlicher Konzentration suspendiert:

a) Zuckerlösung von 30, 40 und 60 %,
b) Salzlösung von 10—20 %,
c) Lösung von Chin. sulphur. von 0,1—0,4 %.
d) Lösung von Acid. tartar. von 2—4 %.

Für Säuren muß die Gelatinelösung etwas stärker sein. So läßt sich der Schmeckstoff dosieren und leicht lokal applizieren. Der Tropfen wird auf der Zunge nur ganz allmählich flüssig.

Die Versuchstechnik beschreibt er selber folgendermaßen: „Pour empêcher la diffusibilité de la ‚test-solution', il faut la rendre moins fluide, tout en y incorporant au degré de concentration voulu, l'excitant sapide; mais

---

[1]) F. H. Quix, Nouvelle méthode de gustatométrie. La Presse Oto-Laryngologique belge, 1903, 2. Bd., pag. 581, Nr. 11.

Eine neue Methode zur Untersuchung des Geschmackssinnes, V. Jahresversammlung der Niederländ. Gesellsch. für Hals-, Nasen- u. Ohrenheilkunde, 10. 5. 1897.

il faut aussi qu'ainsi préparée la 'test-solution' puisse être facilement portée à l'endroit que l'on désire. Une solution de gélatine variant, suivant la température, de 1 à 2 %, constituera un excipient supérieur. On y incorporera les excitants sous forme de:

a) Solutions sucrées à 30, 40, 60 %,
b) Solutions de chlorure de sodium, de 10 à 20 %,
c) Solutions de chlorhydrate de quinine, de 0,1 à 0,4 %,
d) Solutions d'acide tartrique, de 2 à 4 %,

Pour ces dernières, la quantité de gélatine doit être un peu plus grande, pour obtenir une cohésion suffisante. On fera bien d'ajouter à la solution de gélatine quelques gouttes de la solution normale (40 %) de formaldéhyde, afin de prévenir le développement des bactéries. A la dose de quelques gouttes pour 100 grammes d'excipient, le formol ne détermine pas de sensation gustative.

On a ainsi sous la main, un moyen pratique de faire varier l'intensité de l'excitation entre des limites minima et maxima. Celle des solutions, signalées plus haut, qui est la plus faible, est encore perçue par la plupart des individus normaux à la dose d'une goutte de volume moyen; la solution la plus concentrée détermine une excitation très intense. En clinique, il suffit d'avoir à sa disposition des solutions concentrées à trois degrés différents. Quant à la dimension de la goutte, elle est naturellement proportionnelle à l'aire gustative que l'on veut déterminer; la quantité absolue de substance sapide peut-être facilement évaluée en milligrammes. Cette goutte ne diffuse que très lentement, tandis que la sensation gustative se produit bien avant que la fluidification soit réalisée".

„Pour obtenir les plus fortes impressions, les substances sapides sont déposées sous forme de cristaux.

Ainsi on fabrique de petites tiges de sucre candi, d'acide tartrique, de sel en cristaux, de chlorhydrate de quinine comprimé que l'on introduit ensuite dans des tubes de verre de forme et de courbure convenables.

Avant de les employer, on aura soin de les mouiller légèrement, et l'expérience finie, on les désinfectera en les frottant à l'ouate imbibée d'alcool.

Ce procédé rend possible l'évaluation aussi bien qualitative que quantitative du sens du goût".

Quix verwendet also zur quantitativen Messung mindestens 12 verschiedene Abstufungen.

2. Reizung mit Schmeckstoffen von flüssigem Aggregatzustande.

Der Apparat von Toulouse und Vaschide[1]), „Le geusiesthésimètre", gestattet die quantitative Untersuchung mit gelösten Schmeckstoffen. Diese sind:

Kochsalz für die salzige Geschmacks-Qualität,

Saccharose für die süße Geschmacks-Qualität,

Dibromhydrat des Chinins für die bittere Geschmacks-Qualität,

Citronensäure für die saure Geschmacks-Qualität.

Diese Verbindungen sind sämtlich in destilliertem Wasser 1 : 100 gelöst. Die Lösungen sollen vor Licht

---

[1]) Ed. Toulouse et N. Vaschide, Méthode pour l'examen et la mesure du goût. Travail du laboratoire de M. Toulouse à l'asile de Villejuif. Comptes rendus de l'Académie des Sciences, 1900, CXXX, pag. 804—805.

N. Vaschide, La gustatométrie. Bulletin de laryngologie, otologie et rhinologie, 1903, pag. 93—103. Technique de psychologie expérimentale (Examen des sujets). Toulouse, N. Vaschide, M. Piéron, Paris (Octave Doin, édifeur) 1904.

geschützt aufbewahrt und alle 14 Tage erneuert werden, damit sie nicht verderben.

Toulouse und Vaschide geben folgende Beschreibung ihres Apparates:

„Chacun est dilué à 1 pour 10, à 1 pour 100, à 1 pour 1000 etc.; ensuite chacune de ces solutions de série est divisée en 9 plus faibles et donne des solutions divisionnaires à 1, 2, 3 . . ., 9 pour 100, à 1, 2, 3 . . ., 9 pour 1000, etc. On emploie, au moyen de compte-gouttes convenables, des gouttes de $\frac{1}{50}$ de centimètre cube[1]), présentant toutes le même volume, quelle que soit la concentration de la solution, et sensiblement le même poids. D'ailleurs ce poids, lorsque la vitesse de chute tend à être nulle, est en général insuffisant à éveiller une sensation de contact. En outre, si la solution est maintenue dans un bain-marie réglé à 38°, la goutte d'eau, dans les conditions normales, ne provoque pas de sensation thermique appréciable. Si donc elle est sentie, c'est uniquement à cause de ses qualités sapides, puisque d'autre part ces corps ne donnent pas lieu à des sensations olfactives.

Nous commençons par des gouttes, qui, par leur dilution, provoquent des excitations gustatives au-dessous du minimum perceptible (solution salée à 1 pour 10000, solution sucrée 1 pour 10000, solution amère à 1 pour 100000, solution acide à 1 pour 100000). Alternativement et sans ordre, nous employons, pour les expériences négatives, des gouttes d'eau distillée de même volume; et nous faisons croître l'excitant, c'est-à-dire que nous emplo-

[1]) On peut user, pour certaines expériences, de gouttes de $^1/_{100}$ de centimètre cube.

yons des gouttes de plus en plus concentrées jusqu'à ce que le sujet accuse une sensation gustative indéterminée, ce qui donne un premier minimum de la sensation.

Dix expériences analogues nous fournissent une moyenne pour le même point de la langue. Nous procédons de la même manière pour déterminer le minimum de la perception gustative (reconnaissance du corps sapide).

Après chaque expérience, le sujet se rince la bouche avec 5 centimètres cubes d'eau distillée à 38° et se repose pendant un temps suffisant pour la disparition des saveurs salées, sucrées, acides et amères, soit pendant une minute environ pour les trois premières et cinq minutes pour la dernière.

Pour l'étude des saveurs-odeurs, que nous appelons ainsi parce qu'on ne les reconnaît pas lorsque le nez est bouché et qu'on les reconnaît aussitôt que ce dernier est débouché, et qui nous renseignent sur le fonctionnement de l'odorat associé au goût, nous employons les solutions ou mélanges suivants, qui donnent des excitations supérieures à celles nécessaires à une perception:

Eau de fleur d'oranger.

Eau de laurier-cerise.

Mélange aqueux d'essence d'anis (1 goutte pour 30 cc).

Mélange aqueux d'essence de menthe (1 goutte pour 30 cc).

Mélange aqueux d'essence d'ail (1 goutte pour 30 cc).

Solution aqueuse d'eau camphrée (1 pour 1000).

Vinaigre.

Solution aqueuse de sulfate de fer (1 pour 200).

Rhum.

Huile.

On remarquera que ce sont là des produits usuels, mais non définis. Employés sous cette forme[1]), ils doivent être reconnus par des sujets normaux, car leur valeur gustative, variable selon la qualité des produits, est dans tous les cas fort au-dessus du minimum perceptible. D'autre part, on ne recherche pas quelle intensité minimum est nécessaire pour provoquer la perception, mais seulement l'état du développement de la mémoire et du jugement liés à l'exercice du goût. Nous employons, pour les essences, des mélanges aqueux et non des solutions alcooliques, afin de ne pas être gênés par le goût de l'alcool; dans ce cas, l'eau agit mécaniquement en divisant les particules des essences, dont l'excitation à l'état pur serait trop intense".

Disposition des flacons dans la boîte gustatométrique.

Sa. 3,1	Sa. 3,2	Sa. 3,3	Sa. 3,4	Sa. 3,5	Sa. 3,6	Sa. 3,7	Sa. 3,8	Sa. 3,9			
Sa. 4,1	Sa. 4,2	Sa. 4,3	Sa. 4,4	Sa. 4,5	Sa. 4,6	Sa. 4,7	Sa. 4,8	Sa. 4,9		S.O. 1	S.O. 2
Sa. 5,1	Sa. 5,2	Sa. 5,3	Sa. 5,4	Sa. 5,5	Sa. 5,6	Sa. 5,7	Sa. 5,8	Sa. 5,9		S.O. 3	S.O. 4
Sa. 6,1	Sa. 6,2	Sa. 6,3	Sa. 6,4	Sa. 6,5	Sa. 6,6	Sa. 6,7	Sa. 6,8	Sa. 6,9	Su. 5	S.O. 5	S.O. 6
Am. 1	Am. 2	Am. 3	Am. 4	Am. 5	Ac. 1	Ac. 2	Ac. 3	Ac. 4	Ac. 5	S.O. 7	S.O. 8
S. 0	S. 1	S. 2	S. 3	S. 4						S.O. 9	S.O. 10

[1]) Il faut agiter les essences avant de s'en servir.

Boîte gustatométrique.

Numérotage et titre des solutions gustatives.

Acuité gustative

Saveurs salées (Sa)

	Sel	Eau distillée
	—	—
Sa 1,1	1 p.	1000000
2,1	1 p.	100000
3,1	1 p.	10000
3,2	2 p.	—
3,3	3 p.	—
3,4	4 p.	—
3,5	5 p.	—
3,6	6 p.	—
3,7	7 p.	—
3,8	8 p.	—
3,9	9 p.	—
4,1	1 p.	1000
4,2	2 p.	—
4,3	3 p.	—
4,4	4 p.	—
4,5	5 p.	—
4,6	6 p.	—
4,7	7 p.	—
4,8	8 p.	—
4,9	9 p.	—
5,1	1 p.	100
5,2	2 p.	—
5,3	3 p.	—
5,4	4 p.	—
5,5	5 p.	—
5,6	6 p.	—
5,7	7 p.	—
5,8	8 p.	—
5,9	9 p.	—
6,1	1 p.	10
6,3	3 p.	10
7,1	Sel pur	1

Saveurs sucrées (Su)

	Saccharose cristallisée	Eau distillée
	—	—
Su 1	1 p.	10000
2	1 p.	1000
3	1 p.	100
4	1 p.	10

Reconnaissance sapide

Saveurs amères (Am)

	Sulfochlorhydrate de quinine	Eau
	—	—
Am 1	1 p.	100000
2	1 p.	10000
3	1 p.	1000
4	1 p.	100
5	1 p.	10

Saveurs acides (Ac)

	Acide citrique	
	—	
Ac 1	1 p.	100000
2	1 p.	1000
3	1 p.	100
4	1 p.	10

Saveurs (S)

S 1	Sel	à 1 p.	100
2	Saccharose	à 1 p.	10
1	Sulfochlorhydrate de quinine	à 1 p.	1000
4	Acide citrique . .	à 1 p.	100

Saveurs odeurs (S.O.)

		cc	
S.O. 1.	Eau de fleurs d'oranger	30	0
2.	„ „ laurier-cerise	30	0
		gttes	
3.	Essence d'anis . . .	2	30
4.	„ de menthe . .	1	30
5.	„ d'ail	1	30
		cc	
6.	Camphre à 1 pour 100	30	0
7.	Vinaigre	30	0
8.	Sulfate de fer à 1 pour 200	30	0
9.	Rhum	30	0
10.	Huile	30	0

Sensibilité tactile

Eau distillée

S.O.

Boîte gustatométrique.

Technique des solutions salées. (Chlorure de sodium.) (Agiter chaque solution en la secouant avec un agitateur.) Mettre les lettres sur les solutions au fur et à mesure qu'on les fait.

Nes ou lettres des solutions à faire	Titres des solutions à faire	Nombre de centimètres cubes des solutions à faire	Nombre de centimètres cubes eau distillée
		g	g
A. 7,1	Sel pur	Sel 35	0
	3 p. 10	Sel 30	100
6,3	3 p. 10	A. 35	0
B.	1 p. 10	Sel 100	1000
6,1	1 p. 10	B. 35	0
5,1	1 p. 100	B. 10	90
5,2	2 p. —	20	80
5,3	3 p. —	30	70
5,4	4 p. —	40	60
5,5	5 p. —	50	50
5,6	6 p. —	60	40
5,7	7 p. —	70	30
5,8	8 p. —	80	20
5,9	9 p. —	90	10
C.	1 p. 100	B. 100	900
4,1	1 p. 1000	C. 10	90
4,2	2 p. —	20	80
4,3	3 p. —	30	70
4,4	4 p. —	40	60
4,5	5 p. —	50	50
4,6	6 p. —	60	40
4,7	7 p. —	70	30
4,8	8 p. —	80	20
4,9	9 p. —	90	10
D.	1 p. 1000	C. 100	900
3,1	1 p. 10000	B. 10	90
3,2	2 p. —	20	80
3,3	3 p. —	30	70
3,4	4 p. —	40	60
3,5	5 p. —	50	50
3,6	6 p. —	60	40
3,7	7 p. —	70	30
3,8	8 p. —	80	20
3,9	9 p. —	90	10
E.	1 p. 10000	D. 10	90
F.	1 p. 100000	E. 10	90
2,1	1 p. 100000	F. 35	0
G.	1 p. 1000000	F. 10	90
1,1	1 p. 1000000	G. 35	0

Topographie de la sensibilité

(L'acuité de la perception est représentée

Régions explorées de la cavité buccale			Salées Chlorure de sodium
Lèvres supérieure et inférieure (Face muq.)		Partie externe	„
		„ interne	„
Muqueuse gingivale (Arc. supér. et infér.)		Partie externe	„
		„ interne	„
Muqueuse des joues			„
Langue	Bord	Tiers antérieur	1 pour 100
		„ moyen	2 „ 100
		„ postérieur	3 „ 100
	Ligne médiane	Tiers antérieur	3 „ 100
		„ moyen	1 „ 10
		„ postérieur	1 „ 10
	Face supérieure	Tiers antérieur	1 „ 1000
		„ moyen	1 „ 10
		„ postérieur	1 „ 10
	Face inférieure		Chlor. de sod. pur.
	Frein		„
Plancher de la bouche			„
Voûte du palais			„
Voile du palais	Face antérieure		1 pour 10
	Face postérieure		1 „ 10
	Luette	Face antérieure	Chlor. de sod. pur.
	Piliers antérieurs	Face antérieure	1 pour 10
		„ postérieure	Chlor. de sod. pur.
	Piliers postérieurs	Face antérieure	„
		„ postérieure	„
	Amygdales		„
	Épiglotte	Face antérieure	„

Vor jedem Versuche, so empfehlen es Toulouse und Vaschide, sollen jeder Versuchsperson von neuem wieder folgende Erklärungen vorgelesen werden:

1. Die Versuchsperson hat die Zunge herauszustrecken

gustative de la bouche.

par le titre des solutions.)

Saveurs		
Sucrées Saccharose	Amères Dibromhydrate de quinine	Acides Acide acétique
»	»	»
»	»	Ac. acét. pur.
»	»	»
»	»	»
»	»	»
1 pour 1000	1 pour 10000	1 pour 10000
1 » 100	1 » 1000	1 » 1000
1 » 100	1 » 10000	1 » 1000
1 » 1000	1 » 1000	1 » 1000
1 » 10	1 » 1000	1 » 100
1 » 10	1 » 1000	1 » 100
1 » 1000	1 » 10000	1 » 1000
1 » 100	1 » 10000	1 » 1000
1 » 100	1 » 100000	1 » 100
1 » 10	1 » 1000	1 » 100
Sacchar. pure	Dibr. de quin. pur.	1 » 100
»	»	1 » 100
»	»	Ac. acét. pur.
1 pour 100	1 pour 10000	1 pour 100
1 » 100	1 » 10000	1 » 1000
1 » 10	1 » 1000	1 » 1000
1 » 1000	1 » 1000	1 » 100
1 » 100	1 » 100	1 » 100
1 » 10	1 » 100	1 » 10
1 » 10	1 » 10	Ac. acét. pur.
1 » 10	Dibr. de quin. pur.	1 pour 100
Sacchar. pure	1 pour 100	1 » 10

in dem Moment, in dem dies gefordert wird. Alsdann wird auf die Zunge ein Tropfen Flüssigkeit gebracht. Sobald es gewünscht wird, muß die Zunge in den Mund zurückgezogen und gegen den Gaumen gepreßt werden, wobei die Zunge lebhaft bewegt werden soll, um die zu prüfende Kostprobe recht genau auf ihren Geschmack zu prüfen.

2. Die Versuchsperson hat unmittelbar, wenn sie gefragt wird, und ohne umständliches Besinnen, auszusagen, was sie empfindet.
3. Es soll vorher stets darauf hingewiesen werden, daß die Tropfen, die auf die Zunge zur Untersuchung gebracht werden, von verschiedenen Flüssigkeiten verschiedener Herkunft und verschiedener Geschmacks-Qualität stammen, daß aber auch reines Wasser mitunter Verwendung finden wird.
4. Wird kein Geschmack empfunden, soll sofort geantwortet werden: Nichts!

   Wird ein Geschmack empfunden, der nicht sogleich sicher gekennzeichnet werden kann, soll geantwortet werden: Ein Geschmack!

   Wird die Geschmacks-Qualität sicher erkannt, so soll diese Qualität sofort bezeichnet werden.

3. Reizung mit Schmeckstoffen von gasförmigem Aggregatzustande.

Die Reizung mit flüchtigen Reizmitteln ist für die quantitative Saporimetrie bisher nicht zur Ausführung gelangt.

Reizung durch inadäquate Reize.

4. Die elektrische Reizung.

Zur quantitativen Prüfung eignet sich die elektrische Reizung noch weniger als für die qualitative, wie sie sich überhaupt weder für die physiologische noch für die pathologische Untersuchung, weder für die universelle noch für die topographische Untersuchung als praktisch erweist.

II. Die klinische Gustometrie.

Eine Pathologie des Geschmackssinnes existiert bislang noch nicht. Die Störungen des Geschmacks in Krankheitsfällen sind zum Teil kaum beachtet, gewürdigt und verwertet worden, zum Teil überhaupt noch gar nicht z. B. bei isolierter zentraler oder peripherer Erkrankung des Glossopharyngeus[1]), in systematischer Weise untersucht und geprüft worden. Der Grund dafür liegt in dem Mangel einer praktischen und genauen Methode.

Von jeher gebräuchlich bis auf den heutigen Tag ist in allen Krankheiten die Methode der Inspektion der Zunge, die gewissermaßen einen Spiegel der Erkrankungen, vornehmlich der Verdauungsorgane, darstellen sollte. Diese Anschauung der alten Ärzte hat sich unverändert im Bewußtsein des Laien-Publikums erhalten, das auch heute noch der Beobachtung der Zunge einen großen Wert beimißt. So ehrwürdig nun die Methode der Inspektion ist, so selten ist die Methode der funktionellen Prüfung am Krankenbett.

A. Die qualitative Gustometrie.

a) Die allgemeine Gustometrie.

Reizung durch adäquate Reize.

1. Reizung mit Schmeckstoffen von festem Aggregatzustande.

Die funktionelle Untersuchung des Geschmackssinnes in pathologischen Fällen ist am wenigsten mit festen Reizmitteln vorgenommen worden.

---

[1]) Körner, Die Neurosen des Schlundes. II. Erkrankungen der Geschmacksnerven (Heymans Handb. d. Laryng. u. Rhinolog., 1899, II. Bd., pag. 330 u. 331). — Gowers, Vorl. über Diagnostik d. Gehirnkrankheiten. Deutsch von Mommsen, 1886, pag. 29.

Die Methode beruht darauf, daß man mit trockenen, leicht löslichen Schmeckreizen, die man in großen Stücken vorrätig hält, wie z. B. Zucker, die Zunge bestreicht, oder daß man sie in kleinen Quantitäten als Pulver auf die zu untersuchende Stelle bringt.

2. Reizung mit Schmeckstoffen von flüssigem Aggregatzustande.

Leichter und im allgemeinen üblicher ist die klinische Prüfung mit gelösten Schmeckstoffen.

Die irrtümliche Annahme, daß nur lösliche Stoffe geschmeckt werden können, wird ebenso wie von den Physiologen, auch von den klinischen Autoren hervorgehoben, so von Erb[1]).

Die Versuchstechnik beschreibt Stich[2]) folgendermaßen:

„Die Ausführung der Prüfung auf den Geschmack bewährte sich am praktischsten in folgender Weise: Mit einem kleinen Haarpinsel (Tuschpinsel) wird die schmeckbare Substanz etwas konzentriert und in so geringer Menge, daß sie nicht herumfließen kann, aufgetupft, zuerst auf der kranken Seite bei vorgestreckter Zunge. Empfindet der Kranke einen Geschmack, so deutet er dies durch ein Zeichen an (die Zunge muß während des Versuchs vorgestreckt bleiben), ist das Zeichen erfolgt, so prüft man ebenso auf der gesunden Seite und mißt die Verschiedenheit der Zeitdauer. Es ist zu solchen Versuchen notwendig, die Geschmack vermittelnden Stellen der Zunge genau zu kennen, um sich vor Irrtümern zu sichern. Der Zeitunter-

---

[1]) Erb, l. c. pag. 227.

[2]) A. Stich, Beiträge zur Kenntnis der chorda tympani. Annalen des Charité-Krankenhauses, VIII. Jahrg., 1. Heft, 1857, pag. 65.

schied der Perzeption auf der kranken und gesunden Seite ist meist sehr augenfällig, da ein Geschmacksreiz auf der gesunden Seite, auf den richtigen Stellen angebracht, sofort im Moment der Berührung perzipiert wird, wenn er einigermaßen intensiv ist. Man tut wohl, wenn man erst nach Verlauf längerer Zeit die Zungenwurzel untersucht, da namentlich beim Bitteren, das eine länger dauernde Empfindung bedingt, andernfalls eine Täuschung möglich ist."

Erb[1]) beschreibt die Methode für die Geschmacksmessung folgendermaßen:

„Für die pathologische Untersuchung genügt es vollständig, sich auf die genannten Hauptkategorien der Geschmacksempfindungen zu beschränken und ihre Störungen genauer festzustellen. Bei diesen Untersuchungen sind gewisse Kautelen zu berücksichtigen: Am besten ist es, bei weit geöffnetem Munde und geschlossenen Augen die Zunge herausstrecken zu lassen und auf die zu untersuchenden Stellen die schmeckbaren Stoffe in möglichst kleinen Portionen und hinreichend konzentrierter Lösung mittels eines Glasstabs oder feinen Pinsels aufzutragen; ehe sie die Zunge zurückziehen, müssen die Kranken durch ein Zeichen mit der Hand oder dem Kopfe zu erkennen geben, daß sie etwas geschmeckt haben, und dann erst sollen sie angeben, für was sie es gehalten haben.

Hauptsache ist die genaue Lokalisation des Geschmacksreizes und die Verhütung der Diffusion desselben nach benachbarten oder entfernten Zungenpartien.

---

[1]) Erb, Handbuch der Krankheiten des Nervensystems. 1876, II. Jahrg., 2. Aufl., pag. 227. (Handb. d. speziellen Pathologie u. Therapie v. Ziemssen, XII. Bd., 1. Hälfte, 2. Aufl.)

Nach jedem Einzelversuch muß die Zunge durch Ausspülen und Ausspucken für den folgenden vorbereitet werden.

Zur Prüfung des bitteren Geschmacks benutzt man: Chininlösung, Coloquinthen- oder Quassiadekokt, Lösung von Pikrinsäure usw.; bittere Stoffe werden vorwiegend an der Zungenwurzel deutlich geschmeckt. — Die Qualität des Süßen wird mittels Zuckerlösung, Syrup, Honig und dergl. geprüft und tritt besonders an der Zungenspitze deutlich hervor. — Zur Prüfung des Sauren wählt man Essig, verdünnte Säuren, Wein usw.; vorwiegend an den Rändern deutlich. — Das Salzige wird mit Lösungen von Kochsalz, Brom- oder Jodkalium, Natr. bicarbon. usw. untersucht. Zum Überfluß kann man auch manche Erzeugnisse der Küche, Saucen u. dergl. zur Prüfung herbeiziehen. — Die Prüfung der zur Geschmackserregung notwendigen Conzentrationsminima, sowie die Prüfung der Empfindlichkeit für Conzentrationsdifferenzen der gelösten schmeckbaren Stoffe hat bis jetzt keinerlei praktische Bedeutung."

Köster[1]) verwendet, um die Geschmacksstörungen festzustellen, Glyzerin, Acid. citricum, 10prozentige Kochsalzlösung, Pikrinsäure, welche er auf die vorgestreckte Zunge tupft. Der Kranke gibt mit dauernd vorgestreckter Zunge durch Hinzeigen auf eine mit den

---

[1]) Georg Köster, Klinischer und experimenteller Beitrag zur Lehre von der Lähmung des Nervus facialis, zugleich ein Beitrag zur Physiologie des Geschmacks, der Schweiß-, Speichel- und Thränenabsonderung. Dtsch. Archiv f. klin. Med., 68. Bd., 1900, pag. 343. Ein zweiter Beitrag zur Lehre von der Facialislähmung, zugleich ein Beitrag zur Physiologie des Geschmacks, der Schweiß-, Speichel- und Thränenabsonderung. 72. Bd., 1902.

Schriftworten der vier Qualitäten beschriebene Tafel den empfundenen Geschmack an.

Am ausführlichsten geht Frankl-Hochwart[1]) auf die Methodik der Prüfungen ein:

„Wir haben bei den physiologischen Notizen gesehen, welchen großen Schwierigkeiten man bei den Untersuchungen der Geschmacksperzeption begegnet. Schon der Umstand, daß bei verschiedenen Menschen ganz verschiedene Partien von Schleimhäuten diesbezüglich empfindlich sind, macht eine Beurteilung doppelseitiger Störungen nahezu illusorisch. Wenn man nun, namentlich bei Spitalspatienten, sieht, wie stumpf der Geschmack oft von Natur aus ist, wie unsicher die Leute in der Bezeichnung der Geschmäcke sind, da wird es dem Untersucher bald klar, daß mit den fein nüancierten Methoden geübter Psychophysiker am Krankenbette nicht viel anzufangen ist. Man muß sich begnügen, zu eruieren, ob ein Individuum die Geschmäcke qualitativ bestimmen kann (was ja auch bei ungebildeten normalen Menschen oft nicht zu erreichen ist); mit quantitativen Bestimmungen sich abzugeben, ist wohl nicht sehr fruchtbringend. Man muß im Gegenteil ziemlich konzentrierte Lösungen oder sehr intensiv schmeckende Substanzen in Verwendung ziehen, sonst werden die Resultate noch schwankender.

Man kann trockene Substanzen, die natürlich leicht löslich sein müssen, anwenden, die man entweder in großen Stücken vorrätig hält (z. B. Zucker), um damit die Zunge zu bestreichen, oder man bringt sie in kleinen Quantitäten als Pulver auf die zu untersuchende Stelle. Besser ist es

---

[1]) Frankl-Hochwart, Die nervösen Erkrankungen des Geschmacks und Geruchs. Die Methodik der Prüfung (Spezielle Pathologie und Therapie von Nothnagel, XI. Bd., 1897, II. Teil, pag. 29—31).

— und alle neueren Autoren folgten diesem Prinzip — mit Lösungen zu arbeiten, die man aus kleinen Pipetten tropfen läßt oder mit fein zugespitzten Pinseln ziemlich kräftig auftupft; letztere Methode scheint mir die beste — natürlich müssen die Pinsel längere Stiele haben, damit man auch an die Gaumenbögen gelangen kann. Als bittere Lösung verwende ich Chininum bisulfuricum. Andere bedienen sich der Coloquinthen, der Quassiatinktur, für den sauren Geschmack benutze ich Wein- oder Essigsäure, für den süßen Saccharinlösung, die bessere Dienste tut als solche aus Rohrzucker bereitete, für den salzigen Geschmack steht allgemein conzentrierte Kochsalzlösung in Gebrauch. Da die Patienten bei der Untersuchung nicht sprechen sollen, da sich sonst die Flüssigkeit im Munde verteilt und eine Lokalisation unmöglich wird; da die Verständigung durch Zeichen schwierig ist, hat man vielfach Täfelchen im Gebrauch, auf welchen die Geschmacksqualitäten verzeichnet sind. Man fordert die Kranken auf, darauf hinzudeuten; ich habe auf meinen Täfelchen unter jeder Geschmacksart die Worte „schwach, mittel, stark" gedruckt, damit auch über die Intensität der Empfindung eine gewisse ungefähre Verständigung ermöglicht wird.

Süß schwach, mittel, stark.	**Bitter** schwach, mittel, stark.
Sauer schwach, mittel, stark.	**Salzig** schwach, mittel, stark.

Es ist auch gut, die Etiketten der Fläschchen mit Chiffres (nicht mit dem ausgeschriebenen Namen der Substanz) zu bezeichnen, damit die Kranken nicht vorher von dem Inhalt derselben Kenntnis nehmen; hie und da ist es wünschenswert, Vexierversuche mit Wasser einzuschieben, um sich von der Verläßlichkeit des Untersuchten zu überzeugen; ferner empfiehlt es sich, unter Umständen auch die Patienten die Augen schließen zu lassen.

Man beginnt damit, daß man dem Kranken aufträgt, die Zunge herauszustrecken und auch herausgestreckt zu lassen, und tupft nun eine der Lösungen auf die Spitze der Zunge. Hat der Patient nun überhaupt eine Geschmacksempfindung, was er durch ein vorher besprochenes Zeichen mit dem Finger anzeigen muß, dann hält man ihm das oben beschriebene Täfelchen vor und läßt ihn dorthin deuten, wo die von ihm perzipierte Geschmacks-Qualität verzeichnet steht, und läßt zugleich auf diesem Wege bestimmen, wie es sich mit der Intensität der Empfindung verhalte; nun geht man auf die Zungenränder, selbstverständlich immer darauf achtend, ob die Empfindung beiderseits gleich ist. Man wechselt, ohne daß es der Kranke merkt, mit den Substanzen, wobei man allerdings nicht zu viel mit dem Chinin hantieren darf, weil der Nachgeschmack desselben sonst alle anderen Empfindungen übertönt; überhaupt muß der Kranke den Mund von Zeit zu Zeit ausspülen. Nachdem man diese Partien absolviert hat, läßt man den Patienten die Zunge zurückziehen und drückt sie mittels eines Spatels oder Larynxspiegels nach abwärts, um in die Gegend der Papillae circumvallatae zu kommen und um zum Schlusse die Gaumenbögen zu untersuchen. Die Untersuchung der übrigen, bei den meisten Menschen gar nicht oder nur wenig schmeckenden Teile (Uvula, Zungenmitte, Wangenschleimhaut) wird den Kliniker wohl wenig beschäftigen. Sollte jemand bei all diesen Prüfungen keine Geschmacksperzeption angeben, dann bringe man einige Tropfen der Lösung auf die Zunge und erlaube dem Patienten, diese nach Belieben in der Mundhöhle zu bewegen; erst wenn auch dann nicht geschmeckt wird, besteht völlige Geschmacksanästhesie. Nie soll eine Geschmacksprüfung zu lange dauern; es tritt einerseits leicht Ermüdung ein, andererseits stören die Nachgeschmäcke trotz allen Ausspülens die Untersuchung; in Fällen, wo man nicht bald klar wird, oder bei Untersuchung unintelligenter Individuen ist man gezwungen, die Versuche an zwei bis drei Tagen fortzusetzen, ehe man sich ein definitives Urteil bilden kann. In einzelnen Fällen kann man sich auch der Geschmacksprüfung mittels des galvanischen Stromes bedienen."

Nach Moritz[1]) bringt man zur Geschmackssinnsprüfung mittels eines Glasstabes nach einander einen Tropfen einer süßen (Zucker und Saccharin), salzigen (Kochsalz), sauren (Essigsäure) oder bitteren Flüssigkeit (Chinin) auf die ausgestreckte Zunge. Jede Zungenhälfte sowie die vorderen zwei und das hintere Drittel sind gesondert zu prüfen; die Zunge muß während jedes einzelnen Versuches herausgestreckt bleiben.

Über die Versuchstechnik des Verfahrens von Öhrwall und Kiesow und deren Nutzanwendung für die Untersuchung in Krankheitsfällen urteilt Vaschide[2]) folgendermaßen: „leur technique n'est pas pourtant de nature à mériter une mention spéciale, malgré la minutie de leurs expériences."

---

[1]) Moritz, Die Kranhheiten der peripheren Nerven des Rückenmarks und des Gehirns (Lehrb. d. inner. Medizin v. Mering, 1901, pag. 659).

[2]) Vaschide, La gustatométrie (Bull. de laryngol., otol. et rhinol, 1903, tome VI. pag. 102).

Maier[1]) wendet folgende Untersuchungsmethode an: „Zucker, Salz und Pyramidon in gesättigter wässeriger Lösung und Acidum citricum wurden mittels Wattetampons auf die zu untersuchenden Stellen der Zunge — Rand und Rücken gleicherweise — und des Gaumens kurz aufgedrückt, und der Untersuchte mußte dann durch Deuten auf eine die vier Geschmacksarten angebende Tafel den empfundenen Geschmack angeben. Nach jedesmaliger Angabe wurde der Mund ausgespült. Ein Untersuchen mit Reagentien in Substanz halte ich deswegen für weniger empfehlenswert, weil es besonders am Gaumen, zumal bei noch behinderndem Verbande, die Schwierigkeiten der Untersuchung noch erheblich steigern würde, und weil die bei der Untersuchung sich bald recht unangenehm bemerkbar machende stärkere Speichelsekretion ein Überfließen der sich rasch lösenden Substanzen auf weitere Strecken herbeiführt, was die Genauigkeit der Untersuchung, namentlich noch bei Kranken mit vermindertem Perzeptionsvermögen, doch erheblich herabzusetzen vermag."

3. Reizung mit Schmeckstoffen von gasförmigem Aggregatzustande.

Systematisch ist vordem diese Methode noch nicht versucht worden.

Reizung durch inadäquate Reize.

4. Elektrische Reizung.

Die klinische Geschmacksprüfung mittels der elektrischen Reizung ist nahezu vor einem halben Jahrhundert bereits angegeben worden. Sie galt als die exakteste Methode.

---

[1]) Dr. med. E. Maier, Über Geschmacksstörungen bei Mittelohrerkrankungen (Ztschr. f. Ohrenheilkunde 1904, 48. Bd., pag. 180).

Nach Erb[1]) verdient sie auch noch den Vorzug vor allen anderen Methoden, er sieht in der galvanischen Geschmacksprüfung eine sehr wertvolle und bequeme Untersuchungsmethode für pathologische Fälle: „Neumann[2]) hat dieselbe zuerst genauer präzisiert: zwei feine mit kleinen Knöpfen versehene Drähte werden wohl von einander isoliert, wenige Millimeter von einander entfernt auf einem nichtleitenden Träger (Glasstab, elastischen Katheter oder dergl.) befestigt, sind bis zu den Knöpfen mit Siegellack überzogen und bilden die Elektroden, welche mit den Polen eines oder mehrerer galvanischer Elemente verbunden werden. Setzt man dieselben auf die Zunge auf, so entsteht neben einem leichten Brennen eine deutliche Geschmacksempfindung, die als säuerlich, salzig, metallisch, kupferig u. dergl. bezeichnet wird und an der Anode etwas stärker ist als an der Kathode. Es ist damit eine ganz genaue Lokalisation des galvanischen Geschmacksreizes gegeben, und man kann durch Verschiebung des kleinen Elektrodenpaares über Zungenoberfläche, Gaumen usw. die Grenzen der schmeckenden und nicht schmeckenden Bezirke haarscharf bestimmen und auch

---

[1]) W. Erb, Handbuch der Krankheiten des Nervensystems. 1876, 2. Aufl., pag. 227 (Handb. d. speziellen Pathologie u. Therapie von Ziemssen. XII. Bd., 1. Hälfte, 2. Aufl.).

[2]) E. Neumann, Die Elektrizität als Mittel zur Untersuchung des Geschmackssinns im gesunden und kranken Zustande. Königsberger Med. Jahrb. 1864, IV. Jahrg., 5. Heft, pag. 1—22. — Nach Vaschide (Bulletin de laryngologie, otologie et rhinologie, tome VI, 1903, pag. 95), „hätte v. Vintschgau in seinem „Handbuch der Physiologie“ ausgeführt, daß die Methode schon vorher von Henle u. Meißner im Jahresber. pag. 552 u. in Canstatts Jahresber. 1864, I. Jahrg., pag. 213, angegeben sei.“ — Allein v. Vintschgau gibt pag. 153 Anm. 2 nur an: „Es wurden benutzt Henle und Meißner, Jahresber. 1864, pag. 552 u. Canstatts Jahresber. 1864, I. Jahrg., pag. 213.“

über Differenzen in der Intensität der Geschmacksempfindung an symmetrischen Stellen leicht Aufschluß erhalten. Die Geschmacksnerven sind bekanntlich in hohem Grade empfindlich gegen den galvanischen Strom: beim Galvanisieren des Halses, des Kopfes, des Nackens und häufig selbst des Rückens treten oft sehr deutliche galvanische Geschmacksempfindungen ein; wahrscheinlich sind dieselben in den meisten Fällen durch Stromschleifen bedingt, welche zu den Gebilden der Mundhöhle gelangen; immerhin ist es möglich, daß auch die Geschmacksnerven in ihrem peripheren und zentralen Verlauf bei galvanischer Reizung Geschmacksempfindungen auslösen, und es wäre deshalb in manchen pathologischen Fällen vielleicht durch verschiedene Lokalisation des galvanischen Reizes Aufschluß über den Sitz der Läsion zu erhalten, welche die Geschmacksstörung bedingt. Darauf wäre künftighin bei geeigneten pathologischen Fällen zu achten; die Versuche müssen jedoch mit den größten Kautelen angestellt werden, wenn sie zu beweisenden Resultaten führen sollen."

Den entgegengesetzten Standpunkt nimmt Eulenburg[1]) ein: „Der elektrische Geschmack hat etwas Spezifisches, das man am besten als „scharf metallisch" bezeichnet, er ist weder mit dem sauren noch mit dem salzigen Geschmack identisch, am wenigsten aber ist die Angabe begründet, daß am + Pol eine saure, am — Pol dagegen eine schwächere alkalische Geschmacksempfindung entstehe. Der Geschmack unterscheidet sich vielmehr in beiden Fällen in der Intensität, nicht aber der Qualität nach."

---

[1]) Eulenburg, Lehrbuch der funktionellen Nervenkrankheiten. 1871, pag. 296.

b) Die lokalisierte klinische Geschmacksprüfung.

Die Mängel der Methoden für die klinische Untersuchung sind mehrfacher Art.

Vor allem ist es dringendes Erfordernis, daß die klinische Untersuchung eine exakt lokalisierte ist, die pathologische Untersuchung muß durchaus eine topographische sein.

Reizung durch adäquate Reize.

1. Reizung mit Schmeckstoffen von festem Aggregatzustande.

Dieselbe ist nicht gebräuchlich.

2. Reizung mit Schmeckstoffen von flüssigem Aggregatzustande.

Von einer begrenzten und ganz kleinen, beschränkten Stelle aus mit flüssigen oder festen Schmeckstoffen eine deutliche Geschmacksempfindung hervorzurufen, ist schwierig, so leicht es auch ist, mit denselben Schmeckreizen in derselben Quantität, in derselben Konzentration, einen deutlichen Geschmack zu erregen, wenn das Reizmittel sich im Munde verbreiten kann.

Noch schwieriger ist es aber, durch einfache Berührung der Schmeckstoffe mit der Schmeckstelle den Geschmack zu erregen. Eine einfache Berührung, bloß einmal ausgeführt, erregt überhaupt gar nicht den Geschmack, die Bewegung unterstützt nicht nur die Deutlichkeit der Empfindung, sondern ist sogar zu jeder Wahrnehmung unbedingt erforderlich. Jedenfalls aber ist das unbestreitbar, daß eine solche Applikation einer einfachen Berührung ganz andere Ergebnisse liefert, als wenn man das Sinnesorgan einige Zeit energisch mit dem Schmeckstoff, sei es mittels des Pinsels oder des Fingers, in Berührung bringt, worauf schon Brücke[1]) hinweist.

Die Tatsache, daß die Berührung der Schmeckorgane mit dem Schmeckstoff nicht ausreicht, den Geschmack hervorzurufen, ist seltsamerweise noch gar nicht erwähnt und gewürdigt worden. Die gegenteilige Ansicht, die nach meinen Versuchen nicht zutreffend erscheint, ist oft wiederholt worden. So behauptet noch neuerdings Kiesow[2]), daß merkwürdigerweise schon das Berühren der Zunge mit einem Glasstab ausreichen soll, einen Geschmack, den bitteren, zu erzeugen:

„L'observation, déjà communiquée autrefois, qu'une sensation amère peut être suscitée sur la partie postérieure de la langue, en la frottant avec un bâtonnet de verre, ne s'applique pas, il me semble, à notre question. J'ai pu confirmer plus tard cette observation par beaucourp d'autres personnes, mais non cependant sur toutes celles que j'ai examinées."

„Die Beobachtung, daß, wie ich früher mitteilen konnte, durch Reiben mit einem Glasstabe auf dem hinteren Teile der Zunge eine Bitterempfindung ausgelöst wird, gehört wohl nicht hierher. Ich konnte diese Beobachtung später an manchen anderen, obwohl nicht an allen Personen, bestätigt finden."

Noch merkwürdiger wird aber diese Behauptung da-

---

[1]) Brücke, Vorlesungen über Physiologie, 1875, 2. Aufl., II. Bd., pag. 243.

[2]) F. Kiesow, Schmeckversuche an einzelnen Papillen (Wundts Philosoph. Studien, 1898, XIV. Jahrg., pag. 611). Arch. Ital. de Biol. XXX. Jahrg., pag. 424, Anm. 1: Expériences gustatives sur diverses papilles isolément excitées.

durch, daß, wie derselbe Autor anführt, Reizung der pilzförmigen Papillen mit Holzstäbchen keine besondere Geschmacks-Qualität hervorruft, so daß, wären seine Angaben allgemein gültig und richtig, man zu dem Schluß gedrängt wäre, Holz sei geschmacklos, Glas aber schmecke bitter. Ja, Kiesow ist sogar der Ansicht, daß es einer verfeinerten Versuchstechnik gelingen könnte, auch diese Papillen mit mechanischen Mitteln zu Geschmacksempfindungen zu reizen. Es könnte dann möglicherweise die süße, saure oder salzige Qualität wahrgenommen werden, je nachdem vielleicht Holz, Glas oder Metall angewandt wird.

Man ist gezwungen, den Schmeckstoff erst mit einem gewissen Druck, eine bestimmte Zeit, auf die schmeckende Stelle einzustreichen und einzureiben, um eine Geschmacksempfindung hervorzurufen. So macht die Untersuchung schon aus dem zu untersuchenden Punkt stets eine größere Fläche.

Die bisherigen Methoden erfordern alle ohne Ausnahme die Vornahme der Untersuchung bei herausgestreckter Zunge. Der aus der Mundhöhle hervorgestreckten Zunge fällt nun aber das Schmecken schwerer als bei normaler Lage. Die Austrocknung der Zungenoberfläche setzt eben den Geschmack, d. h. die Schmeckfähigkeit, ganz erheblich herunter.

So hat Nagel[1]) schon dann, wenn er nur die Zunge aus dem Munde herausgestreckt hält, fast regelmäßig verschiedene Geschmackssensationen.

Andererseits gestatten sämtliche Methoden es auch nicht, die Zunge während des Versuches oder unmittelbar nach

---

[1]) Nagel, Der Geschmackssinn, Handb. d. Physiol. d. Menschen, 1904, pag. 634.

dem Versuch zurückzuziehen, weil sich andernfalls die Kostflüssigkeit in der ganzen Mundhöhle verbreiten würde.

Daher kommt es, daß bei den bisher gebräuchlichen Methoden die Minimalreize nicht leicht wahrgenommen werden, so daß die funktionelle Untersuchung auch noch größere Mengen von Untersuchungsmaterial erfordert.

Aus doppelten Gründen steigert sich daher ein besonderer Übelstand, der auf die klinische Untersuchung störend einwirkt.

Wenn nämlich nach dem Versuch die Zunge in die Mundhöhle zurückgezogen ist, dann tritt oft erst nachträglich der Geschmack intensiv und deutlich hervor. Am längsten tritt diese Nachdauer, mit der die Empfindung den äußeren Reiz überdauert, der Nachgeschmack, beim „Bitteren" auf, der überhaupt am längsten andauert. Daher ist es auch Vorschrift bei den bisher üblichen Methoden, nach jedem Einzelversuch von einer einzigen Geschmacks-Qualität immer erst die Zunge durch Abspülen und Ausspeien für den folgenden Einzelversuch vorzubereiten. So empfehlen die einen Autoren, z. B. Goldscheider, die Säure zuletzt anzuwenden, weil sie das Geschmacksvermögen abstumpft, die anderen Autoren aus demselben Grunde, die bittere Geschmacks-Qualität zuletzt zu prüfen.

Die Nachgeschmäcke sind es, die recht störend die Untersuchung beeinflussen, schon deswegen, weil sie diese zu einer recht zeitraubenden machen.

Dies ist aber wiederum in doppelter Weise nachteilig. Einmal wird jede klinische Untersuchung um so weniger praktisch durchführbar, je komplizierter sie ist und je mehr Zeit sie beansprucht.

Sodann aber tritt gerade für Geschmacksreize die Ermüdung und Erschöpfung besonders rasch ein. Von allen Sinnen ist der Geschmack derjenige, der am schnellsten ermüdet. Der Schwestersinn, der Geruch, ist derjenige, der am wenigsten ermüdet; wofür eine Erklärung darin gesucht wird, daß der Geruch nur während der Inspiration fungiert und nicht auch während der Exspiration[1]). Über das Maß der Ermüdung des Geschmackes fehlen noch methodische Untersuchungen, nach meinen Erfahrungen ermüdet aber der Geschmack außerordentlich schnell. Jedenfalls muß man darauf bei der Untersuchung besondere Rücksicht nehmen, daß die Versuchspersonen so überaus rasch ermüden, und dafür längere Ruhepausen eintreten lassen. Die peripheren Ermüdungserscheinungen treten gerade von seiten des Geschmackssinnes schnell ein, dauern lange und sind bedeutend.

Reizte Kiesow[2]) mehrmals nach einander eine Papille, so zeigte sie sich für Schmeckreize, die früher deutlich und schnell wahrgenommen wurden, in der Empfindlichkeit bedeutend herabgesetzt oder gar gänzlich unempfindlich.

Schließlich beschränkt sich die Untersuchung zumeist nur auf die vorderen zwei Drittel der Zunge, das Lingualisgebiet, während das Gebiet des Glossopharyngeus schwer erreichbar ist und daher meist zur Prüfung nicht herangezogen wird.

Diese Mängel dürften sich leicht durch eine neue, bisher noch nicht geübte Art der Untersuchung des Geschmackssinnes beseitigen lassen. Sie beruht auf der Prüfung mit Schmeckstoffen von gasförmigem Aggregatzustande, also auf der Verwendung von gasförmigen Süßstoffen und flüchtigen Bittermitteln.

---

[1]) Toulouse et Vaschide, Mesure de la fatigue olfactive, Société de Biologie, 18. 9. 1899.

[2]) Kiesow, Wundts Philosophische Studien, 1898, XIV. Jahrg., pag. 599.

3. Reizung mit Schmeckstoffen von gasförmigem Aggregatzustande.[1])

Eine neue Methode zur Untersuchung des Geschmackssinnes mittels eines Gustometers.

Leitet man mit einem Gebläse einen Luftstrom durch eine sehr geringe, feine Öffnung auf irgend einen ganz beschränkten Teil der Zunge, so sieht der Untersucher deutlich sofort die kleine Delle, die der Gasstrom auf dem minimalen Teil des weichen Sinnesorgans erzeugt. Ebenso gibt der Untersuchte haarscharf die Lokalisation der untersuchten Stelle an. Die bekannten optischen und akustischen Täuschungen bezüglich der Lokalisation des Reizes bei verbundenen Augen finden kein Gegenstück in analogen gustischen Täuschungen. Selbst bei offener, nicht geschlossener Nase wird der Geschmackseindruck der riechenden Schmeckstoffe doch genau auf der Zunge, und zwar ausschließlich auf der untersuchten Stelle der Zunge lokalisiert. In dieser Beziehung übertrifft der gemeinhin als unzuverlässigster und unsicherster aller Sinne gering geschätzte chemische Sinn die gewöhnlich als die verläßlichsten anerkannten physikalischen Sinne.

Hinzu kommt noch, daß der Eindruck der flüchtigen Schmeckstoffe ein flüchtiger ist, sodaß die Nachwirkung, selbst die der Bitterstoffe, nicht eine so lästige und langandauernde sein kann. Das ist aber um so willkommener, als umgekehrt gerade die Intensität dieser riechenden Schmeckstoffe die der natürlichen Süßmittel, die doch gewöhnlich bei der klinischen Prüfung in Anwendung ge-

[1]) Eine neue Methode zur physiologischen und klinischen Untersuchung des Geschmackssinnes mittels eines Gustometers. Deutsche Medizin. Wochenschrift 1905, No. 23.

zogen werden, bei weitem übertrifft. Denn die Süße des flüchtigen Süßstoffes Chloroform z. B. ist bedeutend größer als die des Zuckers. Wollte man etwa dementsprechende Saccharin-Lösung zu diagnostischen Zwecken verwenden, so würde der Untersuchte tagelang den Süßgeschmack nicht verlieren, mithin die Untersuchung gar nicht so bald zum Abschluß kommen können. Die Verwendung der flüchtigen Schmeckstoffe verbindet also beide Vorzüge, mit der Ermöglichung einer erheblich gesteigerten Intensität diejenige einer schnelleren Vergänglichkeit des Sinneseindrucks. Auch ist die Trigeminusreizung, die beim lingualen Schmecken des direkt auf die Zunge applizierten flüssigen Schmeckstoffs oft erheblich und daher störend ist, in bedeutendem Maße abgeschwächt beim direkten gasometrischen Schmecken desselben Schmeckstoffes, wenn er unmittelbar auf die Zunge in gasförmigem Zustand appliziert wird.

Das Gustometer besteht aus einem Gebläse, zwei Gefäßen mit gegenüberliegenden Öffnungen und den An-

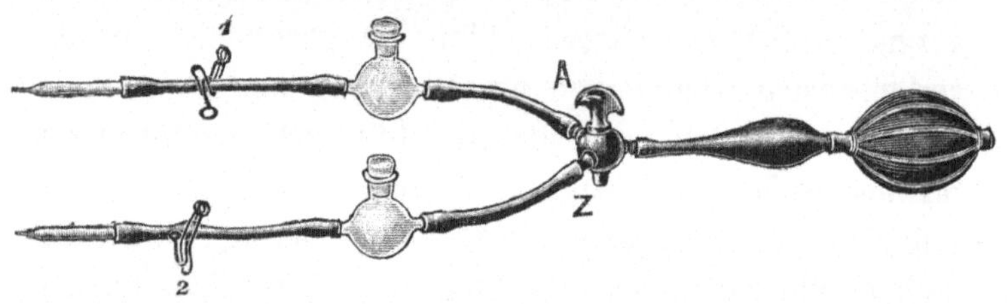

Fig. 1.

sätzen. Das Glasgefäß, zur Aufnahme des Süßstoffes bestimmt, und ein anderes Gefäß, zur Aufnahme des Bitterstoffes, sind durch einen Zuführungsschlauch auf der einen Seite mit einem Gebläse verbunden. Ein Zweiwegehahn gestattet, nach Belieben die Luft in das eine oder in das andere Gefäß zu treiben. Die gegenüberliegende Seite der Gefäße ist wiederum mit Schläuchen versehen, welche schließlich in ein zugespitztes Röhrchen auslaufen. Zur Vergrößerung der Verdampfungsfläche dienen Schwammstückchen am Boden der Gefäße.

Die sich hier entwickelnden, mit atmosphärischer Luft gemischten Dämpfe werden mittels eines Richardsonschen Doppelgebläses, das durch einen Zuführungsschlauch mit den Gefäßen verbunden ist, durch den Ansatzschlauch in das vorn zugespitzte Glasröhrchen getrieben. Der Druck, der mit dem Gebläse ausgeübt wird, kann durch ein Manometer, zu dem ein Schlauch abführt, gemessen werden. Die spitzen Ansatzröhrchen werden ganz in die Nähe derjenigen Stelle gebracht, welche geprüft werden soll. Sie dürfen jedoch nicht direkt aufgesetzt werden, da alsdann merkwürdigerweise die Geschmacksempfindung nicht statthat. Auch wenn man die breiten Brustsauger luftdicht auf die Zunge setzt und mit dem Gustometer in Verbindung bringt, wird der Geschmack nicht wahrgenommen, der dann sofort eintritt, sobald nur ein wenig das gläserne Hütchen gelüftet wird.

Als flüchtiger Süßstoff wird Chloroform verwandt, als Bitterstoff der gewöhnliche Äther.

Auch die saure Geschmacksempfindung kann man prüfen; für diesen Zweck eignet sich die Essigsäure. Nach Urbantschitsch[1]), der Essig zur Geschmacksprüfung benutzte, indem er mit der Lösung die Zunge betupfte, ist Essig nicht geeignet, da der Geruch desselben den Geschmack so sehr beeinflußte, daß die Angaben der Versuchspersonen vollkommen ungenau ausfielen. Nach meiner Methode ist dies nicht der Fall.

[1]) Urbantschitsch, 1876.

Allein die Geschmacksempfindung des Salzigen kann mit dieser Methode nicht geprüft werden. Dennoch dürfte diese Beschränkung den Wert der Methode nicht wesentlich beeinträchtigen. Denn da nur „Süß“ und „Bitter“ reine Geschmacksempfindungen sind, so dürfte sich die Untersuchung auch auf diese beiden Qualitäten zunächst zu beschränken haben. Gerade der salzige Geschmack kann für die klinische Untersuchung zunächst am leichtesten vernachlässigt werden. In pathologischen Fällen ist vor allem die Konstatierung der Beeinträchtigung oder Aufhebung des Geschmackes süßer und bitterer Schmeckreize wichtig, da diese lediglich die Geschmacksfasern erregen, während die sauren und die salzigen Reizmittel nebenher auch stets die Gefühlsnerven der Zunge reizen. Die Verwendung der salzig und der sauer schmeckenden Substanzen zur Prüfung einer etwaigen Ageusie oder Hypogeusie könnte daher, wie Leube[1]) hervorhebt, eher zweifelhafte Resultate liefern.

Saure und salzige Schmeckstoffe rufen auch bei Lähmung des Glossopharyngeus noch taktile Empfindungen hervor, die, wie K. Lehmann hervorhebt, bei ihrer Geschmacks-Qualität doch gewiß auch in Betracht kommen.

Bei Anästhesie der Zunge schienen mir in zwei Fällen die beiden Geschmacks-Qualitäten „Salzig“ und „Sauer“ beeinträchtigt im auffallenden Gegensatz zu „Süß“ und „Bitter“. Es wäre wünschenswert, systematisch festzustellen, ob wirklich die beiden Qualitäten-Paare in Fällen von Anästhesie in irgend einer Weise sich verschieden verhalten.

Auch mit der elektrischen Reizung ist ja nicht jede Geschmacks-Qualität, gewiß aber nicht die salzige, deutlich hervorzurufen.

---

[1]) Leube, Spezielle Diagnose der inneren Krankheiten, 1893, pag. 13.

Zudem wurden die Prüfungen des salzigen Geschmackes mitunter mit Schmeckstoffen vorgenommen, die gar nicht rein salzig schmecken. Erb[1]) führt diese Prüfung folgendermaßen aus: „Das Salzige wird mit Lösungen von Kochsalz, Brom- oder Jodkalium, Natrium bicarbonicum usw. untersucht.“ Von diesen Schmeckstoffen schmeckt aber nur Kochsalz rein salzig: bei Bromkalium überwiegt der Bittergeschmack, noch mehr aber bei Jodkalium. Hingegen schmeckt Natrium bicarbonicum überhaupt gar nicht mehr salzig.

Das Ergebnis der Untersuchungen wird auf dem Diagramm mit verschiedenfarbigen Stiften aufgezeichnet.

Die mit dem Gustometer ausgeführten Geschmacksprüfungen haben sich mir in mehreren Fällen von artefizieller Ageusie, welche ich durch Applikation von 4,8 % Gymnemasäure (Acid. gymnemic. 1,20, Alcohol. 58 % ad 25,0) erzeugte, ebenso in mehreren Fällen von essentieller Ageusie, als bequem und leicht ausführbar erwiesen.

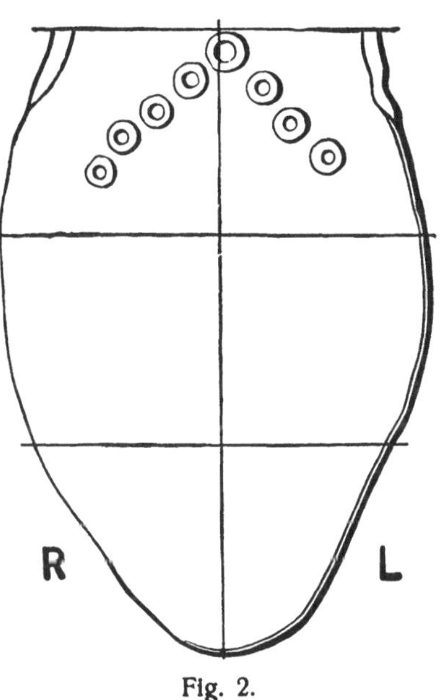

Fig. 2.

Der Schmeckreiz kann bei dieser Methode an Menge minimal, viel ge-

[1]) Erb, Krankheiten der peripheren cerebrospinalen Nerven (Handbuch der Krankheiten des Nervensystems II. Bd. Ziemssen 1876, 2. Aufl.), pag. 227.

ringer als bei den früheren Methoden, ebenso kann die Schmeckstelle ganz klein, ebenfalls viel geringer als bei den üblichen Methoden gewählt werden; dennoch ist die subjektive Lokalisation des Untersuchten, ebenso die objektive Lokalisation des Untersuchers eine deutlichere, genauere und beschränktere als bei den bisher geübten Verfahren. Der Nachgeschmack ist minimal, jedenfalls bedeutend geringer als bei den älteren Untersuchungsmethoden, zudem ist die zur Untersuchung erforderliche Zeit geringer. Die Zunge braucht nicht herausgestreckt zu werden, und dennoch ist das Gebiet des Glossopharyngeus für diese Untersuchung leicht zugänglich.

Dies scheinen mir einige Vorzüge zu sein, so daß diese neue Methode der Gustometrie zu klinischen Zwecken wohl verwertet zu werden verdient.

Mit dieser Methode lassen sich auch leicht vergleichende Untersuchungen über die linke und rechte Seite, sowie andere vergleichende Beobachtungen, wie z. B. über den Einfluß des Alters und Geschlechtes auf den Geschmack anstellen.

Auch darin ergeben sich regelmäßige Gegensätze zwischen Geschmack und Geruch. Nach Untersuchungen von Toulouse und Vaschide[1]) entwickelt sich die bloße Geruchs-Empfindlichkeit bis zum sechsten Jahre und nimmt dann ab, im Gegensatz dazu nimmt das Geruchs-Unterscheidungsvermögen mit den Jahren ab, der Geruchssinn der Frau ist früher und stärker entwickelt als der des Mannes. Erhebliche Unterschiede ergaben die Prüfungen des Geschmackssinnes.

---

[1]) Toulouse-Vaschide, „Influence de l'âge et du sexe sur l'odorat." Société de Biol., 10. 6. 99.

Eine wesentliche Erleichterung und zeitliche Abkürzung der Untersuchung wird noch erzielt, wenn man gleichzeitig bilateral prüfen kann, wenn man also mit einem Reiz zwei Reizwirkungen gleichzeitig an symmetrischen Stellen erzielen kann. Die Methode wird überdies durch die Möglichkeit, sofort die Eindrücke beiderseits mit einander zu vergleichen, wesentlich exakter.

Erreicht wird dies durch folgenden Apparat[1]): Eine mittels federnden Kopfbügels am Oberkiefer fixierte Platte P trägt in ihrer Mitte einen kleinen Lagerblock L, in welchem zwei um ihre Achse drehbare Wellen unverschieblich angebracht sind. Durch Drehen der Welle S, deren eine Hälfte mit rechts-, deren andere Hälfte mit linksgängigem Schraubengewinde versehen ist, werden zwei in den Klöbchen K und K gelagerte Kanülen C gegen einander bewegt. Der Abstand der Kanülenden kann auf einem am Klöbchen K befestigten Maßstab direkt abgelesen werden. Um die Enden dieser Kanülen mehr oder weniger tief in den Mund einzubringen, dreht man die Zahntriebwelle T, deren Leisten in Zahnstangen eingreifen, die sich auf der Unterfläche jeder der beiden Kanülen befinden. Auf der oberen Seite sind diese Kanülen C mit Maßstab versehen, so daß man, während der Apparat in den Mund eingeführt ist, von diesem ablesen kann, wie tief sich die Kanülen im Mund befinden.

Zur Verbindung mit den Gummischläuchen, welche den Luftstrom zuführen, tragen die Kanülen an dem extraoralen Ende Schlauchzapfen.

Beim Vergleich beider Seiten kommen die zeitlichen

---

[1]) „Zur Untersuchung des Geschmackssinnes für klinische Zwecke." Deutsche Medizin. Wochenschrift 1905, No. 51.

Reaktionen in Betracht, diejenigen der Intensität und die Reaktionsweisen überhaupt.

Es fragt sich zunächst einmal: Werden die Sinneseindrücke überhaupt getrennt, entsprechend der doppelten Reizung, wahrgenommen? Bei welcher seitlichen Entfernung beider Kanülen, an welchen Stellen der Zunge wird die doppelte Reizung zuerst präzise unterschieden?

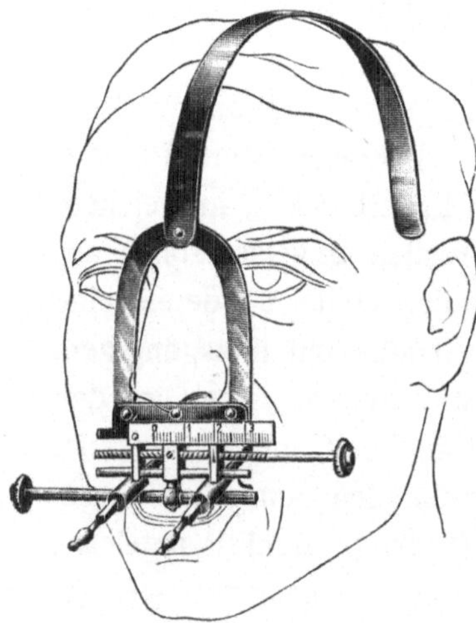

Fig. 3.

Es fragt sich ferner: Ist die Reaktionszeit beiderseits die gleiche, tritt also die Empfindung beiderseits gleichzeitig ein, oder ist deren Eintritt der einen gegenüber der anderen Seite verzögert, verspätet?

Es fragt sich sodann: Ist die Andauer, die Persistenz des Geschmackseindrucks auf beiden Seiten gleich, oder erlischt die Wahrnehmung auf der einen Seite früher, auf der anderen Seite später?

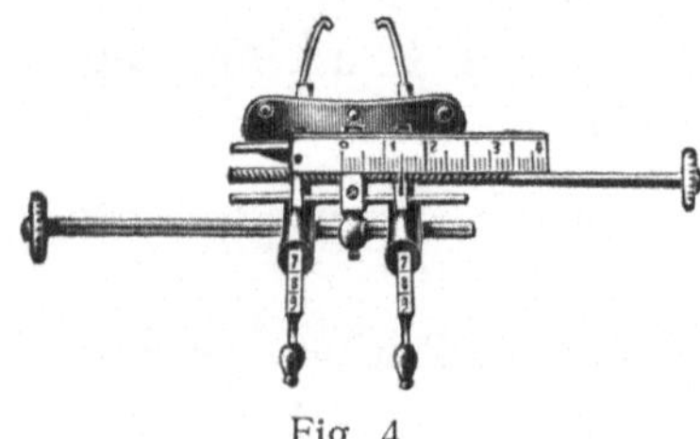

Fig. 4.

Ebenso fragt es sich: Tritt der Nachgeschmack gleichzeitig auf beiden Seiten auf, fehlt er einseitig oder geht er einseitig früher bzw. später zurück oder hält er länger an?

Der neue Apparat läßt eine bequeme Vergleichung der Intensitätsstärke zu. Es fragt sich: Ist eine Verminderung des Geschmacks, Hypogeusie, auf der einen Seite für eine Qualität oder gar Hypergeusie zu beobachten?

Schließlich fragt es sich: Ist die Qualität, die zur sinnlichen Wahrnehmung gelangt, beiderseits die nämliche?

Der Apparat[1]) gestattet aber auch eine schnelle Orientierung über die Ausdehnung des gesamten Geschmacksfeldes überhaupt. Ist die ganze Zunge funktionsunfähig, die Ageusie also total oder lokalisiert? Dehnt sich der Ausfall auf sämtliche Qualitäten ohne Ausnahme aus oder beschränkt er sich nur auf gewisse Qualitäten, ist die Ageusie also komplett, universalis oder partialis?

Die Einteilung des seitlichen Abstandes der Kanülen von einander, sowie die Tiefeneinteilung gestattet die genaueste Lokalisierung des Reizes. Daher kann man die Ergebnisse der Prüfung auf dem Diagramm der Zunge leicht fixieren. Dasselbe gibt die Oberfläche der Zunge, geteilt in linke und rechte Seite und in drei Drittel, vorderes, mittleres und hinteres Drittel, wieder. Die verschiedene Farbe der Stifte deutet das an, was die verschiedenen Qualitäten betrifft: rot etwa süß, bitter: blau, schwarz: sauer.

Befolgt man diese Methodik, so wird die Geschmacksprüfung wesentlich vereinfacht und unverhältnismäßig weniger zeitraubend. War man doch bisher in manchen Fällen, bei Untersuchung von wenig intelligenten Kranken, gezwungen, die Untersuchung des Geschmacks immer auf zwei bis drei Tage auszudehnen, ehe man sich ein definitives Urteil bilden konnte[2]).

---

[1]) Georg Haertel in Breslau, Albrechtstraße 42; Berlin, Karlstraße 18.

[2]) Frankl-Hochwart, Die nervösen Erkrankungen des Geschmacks (Spezielle Pathologie und Therapie von Nothnagel XI. Band, 2. Teil, 1897, pag. 31).

B. Die quantitative klinische Gustometrie.

Reizung durch adäquate Reize.

1. Reizung mit Schmeckstoffen von festem Aggregatzustande.

Feste Schmeckstoffe sind nicht zur Anwendung gelangt. Doch hat Quix mit seinen durch Zusatz von Gelatine konsistenter gemachten Schmeckstoffen in systematischer Weise auch klinische Prüfungen vorgenommen und seine Methode zu klinischen Zwecken vereinfacht. Die Untersuchung des Geschmackssinnes am Krankenbett erfordert nach seiner Methode nur Lösungen von drei verschiedenen Konzentrationsgraden. Die im Handel befindlichen Büretten genügen für diesen Zweck. Wenn man dem freien Ende der Bürette die geeignete Krümmung gibt, kann man mit dieser Methode die Geschmackstopographie der Zunge ermitteln und auch alle anderen Teile der Mundhöhle, des Pharynx, des Nasenrachenraums und des Larynx auf ihre Geschmacksfähigkeit hin prüfen.

Quix hat auf diese Weise bei einem Kranken gefunden, daß der Rhinopharynx in der Nachbarschaft der Tube ausschließlich süß und bitter schmeckende Substanzen wahrnimmt, während die konzentriertesten sauer oder salzig schmeckenden Reizmittel gar keine Geschmacksempfindung auslösten. Er meint, daß diese Beobachtung nicht ohne Bedeutung für die Beurteilung von denjenigen Eindrücken sei, die durch die riechenden Schmeckstoffe oder die schmeckenden Riechstoffe hervorgerufen werden.

2. Reizung mit Schmeckstoffen von flüssigem Aggregatzustande.

Systematische quantitative Untersuchungen stellten zuerst Lombroso und Ottolenghi[1]) an. Sie konstruierten einen quantitativen Geschmacksmesser nach derselben Art, wie sie den Geruch quantitativ maßen. Dieser Geruchsmesser Osmometer von Lombroso und Ottolenghi besteht aus 12 Lösungen von Nelkenessenz in Wasser, die nach steigenden Konzentrationen hergestellt waren. Es enthielt also dieser Meßapparat 12 Grade, die den verschiedenen Lösungen entsprachen:

1.	Grad	=	Lösung	$^1/_{50000}$
2.	„	=	„	$^1/_{25000}$
3.	„	=	„	$^1/_{10000}$
4.	„	=	„	$^1/_{5000}$
5.	„	=	„	$^1/_{2500}$
6.	„	=	„	$^1/_{2000}$
7.	„	=	„	$^1/_{1000}$
8.	„	=	„	$^1/_{500}$
9.	„	—	„	$^1/_{300}$
10.	„	=	„	$^1/_{250}$
11.	„	=	„	$^1/_{200}$
12.	„	=	„	$^1/_{100}$

Die Methode, nach welcher Lombroso und Ottolenghi[2]) ebenso das Geschmacksvermögen prüften, war folgende:

Sie hatten beobachtet, daß etwa 12% der Normalen das Bittere von Strychninsulfat noch in einer Lösung $^1/_{800000}$

---

[1]) Cesare Lombroso und S. Ottolenghi, Die Sinne der Verbrecher. Zeitschrift f. Psychol. u. Physiologie der Sinnesorgane, 1891, II. Band, pag. 342.

[2]) l. c. pag. 346.

herausschmeckte, während Rabuteau die Grenze bei $^1/_{600000}$ fand. Daher gingen sie von dieser Lösung aus und stellten verschiedene Lösungen in gradueller Steigerung bis zu $^1/_{50000}$ her. Der 5. Grad des Geschmacksmessers[1]) ist erreicht, wenn Strychninsulfat in einer mittleren Lösung von $^1/_{200000}$, also 0,000005 wahrgenommen wird. Für den süßen Geschmack wählten sie statt des Zuckers, der nur wenig teilbare Lösungen zulassen konnte, das Saccharin, das noch in einer Lösung von $^1/_{100000}$ „ziemlich deutlich“ wahrnehmbar erschien. Von weiteren Verdünnungen nahmen sie Abstand, trotzdem ein großer Teil von Versuchspersonen, 25 % normaler Menschen, noch stärkere Grade der Verdünnung wahrzunehmen imstande waren. Sieben Lösungen wurden in gradueller Steigerung bis $^1/_{10000}$ hergestellt.

So drücken die Verfasser[2]) die Geschmacksschärfe ebenso wie die Geruchsschärfe in Zahlen aus: „Der Grad des Geruchsvermögens war = 8, der des Geschmackes = 7 für das Bittere und 5 für das Süße.“

Abweichend von den früheren Beobachtern wählten sie die Bestimmung der absoluten Quantität, die zur Anwendung gelangte.

Bisher suchte man die geringste Quantität zu finden, die auf einem beschränkten Teil der Zunge die betreffende Empfindung zu erregen imstande war. Sie selber reizten vielmehr, um vergleichende Beobachtungen über das Maximum der gustativen Sensibilität zu gewinnen, die gesamte Oberfläche der Zunge und bedienten sich stets der konstanten Quantität von $^1/_2$ ccm. Damit die Flüssigkeit mit der ganzen geschmackempfindenden Fläche in Be-

---

[1]) l. c. pag. 358.

[2]) l. c. pag. 360.

rührung käme, ließen sie dieselbe in den Mund laufen und dann hinunterschlucken. Alle diese Lösungen waren in einer entsprechenden Anzahl von Fläschchen aufbewahrt. Durch den sie verschließenden Kork reichte eine dünne, mit Graden versehene Röhre, mittels welcher sie die konstante Quantität Flüssigkeit auf die Zunge spritzten. Da die Geschmacksempfindung viel geringer erschien, wenn die Temperatur zu niedrig gewählt war, so wurden sämtliche Fläschchen auch bei derselben Temperatur erhalten. Ehe zum Versuch geschritten wurde, ließen sie die Versuchspersonen den Mund sorgfältig mit nicht allzu kaltem Wasser ausspülen. Zudem wurde jeder Versuch erst mehrmals wiederholt, da sich beträchtliche Unterschiede in der Feinheit des Geschmackes bei solchen Versuchspersonen herausstellten, die zum ersten Male derartige Schmeckversuche unternahmen, wie dies Aducco und Mosso hervorgehoben haben.

Wenig geeignet für die quantitative Untersuchung am Krankenbette ist die Methode von Toulouse und Vaschide[1]). Denn dieselbe erfordert nicht weniger als 72 verschiedene Lösungen, welche zudem noch alle 14 Tage frisch zubereitet und erneuert werden müssen. Diese Lösungen befinden sich in einem großen Zinkkasten, welcher in einem Wasserbade ruht, damit die Möglichkeit gegeben ist, sämtliche Lösungen leicht und schnell auf eine gleichmäßige höhere Temperatur zu bringen. Der Verschluß der Fläschchen besteht in einem Korken, welcher in der Mitte mit einem Tropfenzähler versehen ist. Derselbe gestattet einem Tropfen von 2 Zentigrammen den Durchtritt.

In dem Apparat sind die Lösungen von salzigem, süßem, bitterem und saurem Geschmack in gleichmäßiger

[1]) Toulouse und Vaschide l. c. 1900, 1903.

Weise in dezimale Stammlösungen von folgenden Reihen geteilt. 1 p. 1000000 bis 1 p. 10 und überdies in Lösungen von 1, 2, 3, 4, 5, 6, 7, 8, 9 p. 100000, p. 10000, p. 1000, p. 100, p. 10.

Der klinische Apparat enthält nur die Lösungen der Reihen von der süßen, bittern und sauren Kostflüssigkeit, und von der salzigen Kostflüssigkeit die Lösungen von den Reihen und Unterabteilungen.

Die Lösungen von salzigem (s), von bitterem (am), von süßem (su) und von saurem (ac) Geschmack sind numeriert von der schwächsten bis zur stärksten Lösung: s 1, s 2 bis s 9; am 1, am 2 bis am 9 usw.;

Die Lösungen der Unterabteilungen s 1,1, s 1,2 bis s 1,9; am 1,1, am 1,2 bis am 1,9 usw.

Die Autoren[1]) urteilen über ihr Verfahren selber: „La technique personnelle est la première systématisation précise et rigoureuse d'une technique gustatométrique."

Mit dieser Methode der Geusiesthésimétrie messen Toulouse und Vaschide die Geschmacksschärfe eines Punktes der Mundhöhle nach dem Maß der schwächsten wässerigen Lösung von Kochsalz, Saccharose, Dibromhydrat von Chinin, Zitronensäure, von welcher ein Tropfen vom Gewicht von 0,02 irgend eine Empfindung auszulösen imstande ist, sei es irgend einen unbestimmten Geschmackseindruck oder die deutliche Wahrnehmung der bestimmten Qualität. Zur Kontrolle lassen sie stets einen Tropfen destillierten Wassers von demselben Gewicht und derselben Temperatur auf die Zunge fallen.

---

[1]) Vaschide, „La gustatométrie". Bulletin de laryngologie, otologie et rhinologie, 1903, tome VI, pag. 102.

Das reine Geschmacksvermögen messen sie unter denselben Bedingungen nach der Anzahl der tatsächlich richtig erkannten Geschmäcke, von salzig, süß, bitter und sauer.

3. Reizung mit Schmeckstoffen von gasförmigem Aggregatzustande.

Die flüchtigen Schmeckstoffe ermöglichen die einfachste und sicherste quantitative Messung des Geschmacks.

Ein neues quantitatives Gustometer.

Nach Art der Tonröhren des Zwaardemakerschen Olfaktometers werden durchbohrte poröse Tonzylinder, die von der Delfter Fayence-Fabrik (vormals Joost Thooft & Labouchère) geliefert sind, mit den flüchtigen Schmeckstoffen imprägniert, mit einem Mantel dicht umgeben, und alsdann der flüchtige Schmeckstoff aus dem Zylinder durch ein Saug-Ventil in der einen Richtung angesogen und durch ein zweites Druck-Ventil in eben derselben Richtung herausgetrieben. Je nachdem nun die Saugwirkung an dem einen kleineren Abschnitt des Zylinders oder an einem größeren Abschnitt ausgeübt wird, ist der Reiz und damit die Reizwirkung eine entsprechend größere.

Der Apparat selber stellt sich folgendermaßen dar:

In einem porösen Hohlzylinder, der einen etwa 5 mm starken Boden hat, wird mittels Zahntriebes ein luftdicht anschließender hohler Kolben bewegt, der aus Kork oder sonst geeignetem Material besteht, welches von den flüchtigen Schmeckstoffen nicht angegriffen wird.

Aus dem Hohlraum des porösen Zylinders wird die Luft durch die hohle Kolbenstange in eine kleine schlauchförmige Gummihülse gesaugt, deren Enden mit zwei Ventilen versehen sind, einem Saug- und einem Druck-Ventil.

Die Einstellung des Kolbens im Zylinder wird durch Drehen eines Handrades bewirkt, dessen Zähne in eine Zahnleiste der Kolbenstange eingreifen. An einer Skala kann man die Tiefe des Kolbens im porösen Hohlzylinder ablesen.

Ein mittels Federdruckes die Gummihülse zusammenpressender Hebel bewirkt den Austritt der aus dem Zylinder angesaugten Luft nach der Mündung des Apparates.

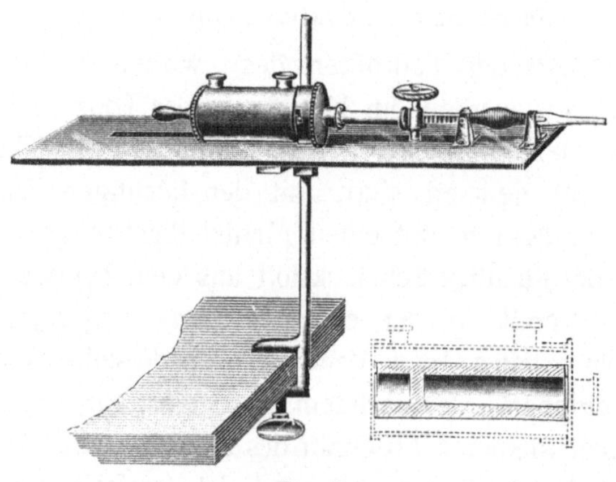

Fig. 5.

Der poröse Zylinder ist mit einem Metallmantel umgeben, dessen Deckel mittels Bajonettvorrichtung geschlossen wird. An dem Mantel befinden sich zwei verschließbare Stutzen zum Eingießen resp. Entleeren der Flüssigkeit, mittels welcher der Zylinder getränkt werden soll.

Auf einer Schraubzwinge, die an beliebigem Tisch angeschraubt werden kann, wird ein Tischchen der Höhe nach einstellbar befestigt.

Auf diesem Tischchen ist das Ende der Kolbenstange des Imprägnierungs-Apparates derart befestigt, daß beim

Drehen des Handrädchens der Hohlzylinder nebst Schutzmantel auf dem Tischchen in einem Schlitz mittels Stift geführt gleitet.

Je tiefer der Kolben aus dem porösen Zylinder herausgeschraubt wird, desto mehr ist die Luft mit dem flüchtigen Schmeckstoff imprägniert, desto intensiver ist also der Geschmack.

Die mittels dieser Methode ausgeführten Prüfungen führen zu ganz überraschenden Ergebnissen hinsichtlich der Empfindlichkeit des subjektiven Geschmacks sowie des objektiven Geschmacks. Die Grenzen der sinnlichen Wahrnehmbarkeit seitens des Geschmackssinnes überhaupt, außerdem aber auch die Begrenzungen der Intensität des Geschmacks mancher flüchtigen Schmeckstoffe erfahren durch systematische Untersuchungen mittels dieser quantitativen gasometrischen Gustometrie eine bisher nicht geahnte Änderung. Die Grenzen der sinnlichen Wahrnehmung des Geschmacks werden gegen früher so weit hinausgeschoben, daß in dieser Empfindlichkeit des Geschmackssinnes geradezu ein Analogon der großen Empfindlichkeit der Methoden zum Nachweis der kleinen Mengen von Emanation und der geringeren Grade von Radioaktivität erblickt werden könnte. Jedenfalls kann man mit dieser Methode ein objektives Maß des Geschmackssinnes festsetzen.

So erscheinen für die funktionelle Prüfung des Geschmackssinnes, zu physiologischen und zu klinischen Zwecken, für die qualitative und quantitative, für die allgemeine und lokalisierte Untersuchung, am geeignetsten die flüchtigen Schmeckstoffe, also diejenigen Schmeckstoffe, die zugleich Riechstoffe sind.